Emmanuel M. Hema

Distribution et impact environnemental de l'éléphant de savane

Emmanuel M. Hema

Distribution et impact environnemental de l'éléphant de savane

Distributions de l'éléphant et impact sur l'environnement du ranch de gibier de Nazinga, Burkina Faso

Presses Académiques Francophones

Impressum / Mentions légales

Bibliografische Information der Deutschen Nationalbibliothek: Die Deutsche Nationalbibliothek verzeichnet diese Publikation in der Deutschen Nationalbibliografie; detaillierte bibliografische Daten sind im Internet über http://dnb.d-nb.de abrufbar.
Alle in diesem Buch genannten Marken und Produktnamen unterliegen warenzeichen-, marken- oder patentrechtlichem Schutz bzw. sind Warenzeichen oder eingetragene Warenzeichen der jeweiligen Inhaber. Die Wiedergabe von Marken, Produktnamen, Gebrauchsnamen, Handelsnamen, Warenbezeichnungen u.s.w. in diesem Werk berechtigt auch ohne besondere Kennzeichnung nicht zu der Annahme, dass solche Namen im Sinne der Warenzeichen- und Markenschutzgesetzgebung als frei zu betrachten wären und daher von jedermann benutzt werden dürften.

Information bibliographique publiée par la Deutsche Nationalbibliothek: La Deutsche Nationalbibliothek inscrit cette publication à la Deutsche Nationalbibliografie; des données bibliographiques détaillées sont disponibles sur internet à l'adresse http://dnb.d-nb.de.
Toutes marques et noms de produits mentionnés dans ce livre demeurent sous la protection des marques, des marques déposées et des brevets, et sont des marques ou des marques déposées de leurs détenteurs respectifs. L'utilisation des marques, noms de produits, noms communs, noms commerciaux, descriptions de produits, etc, même sans qu'ils soient mentionnés de façon particulière dans ce livre ne signifie en aucune façon que ces noms peuvent être utilisés sans restriction à l'égard de la législation pour la protection des marques et des marques déposées et pourraient donc être utilisés par quiconque.

Coverbild / Photo de couverture: www.ingimage.com

Verlag / Editeur:
Presses Académiques Francophones
ist ein Imprint der / est une marque déposée de
AV Akademikerverlag GmbH & Co. KG
Heinrich-Böcking-Str. 6-8, 66121 Saarbrücken, Deutschland / Allemagne
Email: info@presses-academiques.com

Herstellung: siehe letzte Seite /
Impression: voir la dernière page
ISBN: 978-3-8381-7550-8

DEDICACE

A tous ceux qui, directement ou indirectement ont contribué à notre épanouissement intellectuel et professionnel. Je pense ici à :

- tous nos encadreurs et éducateurs des écoles primaires de Sidéradougou et Centre A de Banfora, du Lycée municipal de Banfora, des universités de Ouagadougou et de Bobo-Dioulasso, de l' "académie" de Abrafo (EBM-P) au Ghana et du centre de recherche sur l'éléphant de STE à Samburu au Kenya.

- nos camarades, collègues et amis, particulièrement ceux de nos séjours de travaux de terrain dans les villages de Péyiri (département de Bognounou), Pro (département de Cassou), Folonzo (département de Niangoloko), Boromo (province des Balé) et Nazinga (département de Guiaro).

- ma fille Eileen et son frère Elmer, ma fiancée Aminata, mes très chers parents.

REMERCIEMENTS

Ce travail est le résultat d'une convergence d'efforts de plusieurs institutions et personnes qui, à travers leurs multiples aides et assistances, ont contribué à sa réalisation. A ce titre, nous voudrons ici exprimer nos sincères remerciements à :

Monsieur le Professeur Laya SAWADOGO, responsable du Laboratoire de Biologie et Ecologie Animale, de nous avoir accepté au sein de son équipe. Monsieur le Professeur, nous sommes reconnaissant et vous disons merci pour les moyens et conditions de travail mis à notre disposition.

Monsieur le Professeur Wendengoudi GUENDA (notre Directeur de thèse) pour avoir accepté notre inscription en thèse et dirigé ce travail en créant des cadres académiques et scientifiques pour mener à bien nos travaux de recherches. Monsieur le Professeur, nous vous disons infiniment merci pour vos rigoureux critiques et encouragements qui nous ont été d'un très grand apport.

Monsieur le Professeur Gustave KABRE, qui malgré ses multiples occupations, n'a jamais cessé de nous apporter ses conseils et critiques qui ont permis d'améliorer considérablement ce travail.

Monsieur le Professeur André T. KABRE de l'U.P.B., qui est notre encadreur de première heure dans le monde de la Biologie de la Conservation. Monsieur le Professeur, votre disponibilité permanente à nous apporter vos appuis pour améliorer nos travaux de fin de cycle d'étude d'Ingéniorat, de DEA et aujourd'hui du Doctorat est très hautement appréciée ; nous vous prions d'accepter ici nos sincères reconnaissances.

Docteur Richard F.W. BARNES qui sans relâche nous a assisté tout le long du travail. Docteur BARNES, vous avez été notre encadreur de proximité aussi bien dans le suivi des travaux de terrain que dans la rédaction et la publication des manuscrits. Vous avez été pour nous, un véritable soutien pour propulser notre travail à chaque fois que nous vous avons sollicités. Votre rigueur au travail reste un exemple pour nous. Qu'il me soit permis de mentionner ici, vos multiples soutiens et encouragements à notre égard durant tous nos séjours d'études et de formations au Ghana, en Côte d'Ivoire, au Burkina Faso, au Mali et au Kenya. Vous avez toujours travaillé dans le sens qu'un jour nous puissions exécuter des études de doctorat ; mais enfin, nous y sommes ! Soyez rassurés, Docteur BARNES, nous ne saurons jamais vous dire merci !

Monsieur le Professeur Sita GUINKO, a qui nous témoignons notre reconnaissance pour notre inscription au troisième cycle.

c

Madame le Professeur Jeanne MILLOGO pour qui nous avons une réelle admiration à travers son sens d'écoute, son enthousiasme et ses conseils tout le long de l'étude.

Monsieur le Professeur Joseph I. BOUSSIM qui nous a toujours écouté et apporté soutiens et conseils chaque fois que nous sommes allé vers lui.

Monsieur le Professeur Drissa SANOU, Chef du département de Physiologie et Biologie Animale, qui nous a toujours soutenu en ne ménageant aucun effort afin que ce travail aboutisse dans les meilleurs conditions.

Tous nos ainés du laboratoire, Dr. Athanase BADOLO, Dr. Ahmed FABRE, Dr. Olivier GNANKINE, Dr. Maurice OUEDRAOGO, Dr. Adama OUEDA pour tous les conseils et appuis techniques qu'ils nous ont apportés au cours de nos travaux.

Tous les doctorants du laboratoire de BEA, pour les conseils et appuis multiformes.

Tout le consortium d'ONG *WildFoundation* (USA), *Save The Elephants* (Kenya) et *the Environment and Developpement Group* (U.K.), de nous avoir octroyé une bourse pour cette étude. Qu'il nous soit permis de remercier particulièrement M. Vance MARTIN

d

(de *WildFoundation*), Dr. Iain DOUGLAS-HAMILTON (de *Save The Elephants*), Dr. Keith LINDSEY (de *the Environment and Developpement Group*) et Dr. Susan CANNEY (de *WildFoundation*) pour tous les conseils et efforts consentis à la mobilisation de toutes les ressources allouées à cette étude.

M. Urbain BELEMSOBGO, Directeur de la Faune et des Chasses du Burkina Faso, pour avoir rendu cette étude possible à Nazinga.

La direction du Ranch de Gibier de Nazinga qui a financé les travaux de terrain, dans le cadre de la mise en œuvre de son programme Suivi Ecologique et Recherche Appliquée. Qu'il nous soit permis ici de rendre hommage à feu Adama Ouédraogo (Responsable du Ranch au moment de l'étude) qui a accepté notre proposition d'étude à Nazinga et n'a ménagé aucun effort pour son aboutissement. A nos deux collègues de la section Suivi Ecologique et Recherche Appliquée (M. Néti Nama et M. Banzourou Niagabaré) et à tout le personnel du ranch nous voudrons exprimer ici nos sincères reconnaissances pour les multiples soutiens et efforts consentis pour l'aboutissement de l'étude.

Tous les parents et amis qui nous ont assisté directement ou indirectement dans l'exécution de cette étude. Nous rendons un grand hommage à notre amis et collègue Nandjui Awo

e

(Précédemment chargé du projet Thaï au compte du Fond Mondial pour la Nature, en Côte d'Ivoire) qui avait tant souhaité assisté à la soutenance de cette thèse, mais qui malheureusement est rappelé à dieu au moment même où nous achevions la dernière relecture du document.

RESUME

Cette étude a été conduite dans le Ranch de Gibier de Nazinga. Le but était de fournir des données sur l'éléphant pour à la fois répondre aux besoins de recherches sur la diversité biologique et soutenir les stratégies de gestion durable de la faune en Afrique de l'ouest. Tenant compte des besoins exprimés par les aménagistes du ranch, les objectifs spécifiques de l'étude étaient d'estimer l'effectif de la population des éléphants, de tester l'hypothèse d'une fluctuation annuelle importante des effectifs, de décrire les distributions saisonnières des éléphants et leur impact sur la végétation ligneuse du ranch, de faire des recommandations de monitoring et de gestion efficace de ces pachydermes.

La taille de la population d'éléphants a été estimée par des comptages directs le long de transects en ligne en février 2007 (saison sèche). Les animaux ont été comptés sur 79 portions de transects mesurant au total 680,20 km. L'effectif de la population des éléphants du ranch a été estimé à 2518 (95% Limite de confiance allant de 1476 à 4294) individus. La méthode des déjections a été utilisée pour tester l'hypothèse d'une large fluctuation annuelle des effectifs d'éléphants, décrire leurs distributions saisonnières puis leurs impacts sur la végétation ligneuse du ranch. Les populations de déjections ont été estimées au cours de la saison pluvieuse de 2006 puis des saisons sèches de

2007 et 2008. Les données de déjections ont été enregistrées le long de 54 transects mesurant chacun 1 km. Au cours de la saison sèche de 2008, un inventaire de la végétation ligneuse a été réalisé simultanément. Les distances des transects par rapport au village le plus près, la source d'eau permanente la plus proche, le poste de garde forestier le plus près et le campement touristique, ont été mesurées à l'aide de ArcView 3.2. Il n'y avait aucune différence significative entre les densités de déjections des saisons sèches de 2007 et 2008. Cependant, des différences entre les distributions saisonnières des éléphants du ranch ont été notées. La distribution de saison pluvieuse était indépendante des villages mais influencée par les activités illégales. Les distributions de saisons sèches étaient déterminées par la proximité des villages et l'eau. En saison sèche, les éléphants étaient attirés vers les villages par les greniers à céréales et les arbres fruitiers. Les modèles de simulations stochastiques ont confirmé l'observation des autorités du ranch selon laquelle les effets de broutage de la végétation par les éléphants sont entrain de causer un déclin de la population des arbres et arbustes. En particulier, les modèles de simulation ont prévu que la cohorte des arbres et arbustes de *Acacia gourmaensis* est susceptible de disparaitre presque totalement d'ici à quelques années, tandis que les cohortes de *Vitellaria paradoxa* et *Maytenus senegalensis* vont probablement être dramatiquement réduites en nombre.

h

La meilleure convenance de la méthode des déjections par rapport à la méthode directe, pour détecter les tendances des effectifs des populations, a été montrée par une analyse des inventaires réalisés à Nazinga de 1980 à 2008. Il est recommandé que la méthode de comptage des déjections soit utilisée pour suivre les tendances des éléphants à Nazinga et dans les savanes ouest africaines. Il est suggéré que le "problème" d'impact des éléphants sur la végétation de Nazinga soit abordé suivant une approche utilisant la dispersion comme un processus afin de modérer la densité des éléphants dans le temps et dans l'espace.

Mots clés : éléphants, déjection, distribution, eau, villages, végétation ligneuse, Ranch de Gibier de Nazinga, Burkina Faso.

ABSTRACT

This study was carried out in the Nazinga Game Ranch. The goal was to collect scientific data on Elephants to support long-term management of wildlife in West Africa. With respect to the ranch managers' requests, the specific objectives of the study were to estimate the number of Elephants, to test the hypothesis that Elephant numbers show large annual changes at Nazinga, to describe the seasonal distribution of Elephants and their impacts upon the ranch's woody vegetation, and to make recommendations for the effective monitoring and conservation of these pachyderms.

The size of the Elephant population was estimated by direct counts along line transects in February 2007 (the dry season). Animals were counted on 79 portions of transects giving a total transect length of 680.20 km. The Elephant population in the ranch was estimated at 2518 (95% Confidence Limit: 1476-4294) individuals.

The dung count method was used to test the hypothesis of large annual changes of Elephant numbers, to show their seasonal distributions and their impacts upon the ranch's woody vegetation. Dung-pile populations were estimated during the wet season of 2006 and the dry seasons of 2007 and 2008. Dung-pile data were recorded along 54 transects of 1 km each. During the 2008 dry season the woody vegetation was surveyed simultaneously. The distance of each transect from the nearest village, the nearest permanent water source, the nearest guard post and tourist camp was measured using ArcView 3.2. There was no significant difference between the dung-pile densities of dry seasons of 2007 and 2008. However, seasonal differences in the distribution of the ranch Elephants were noted. The wet season distribution was independent of villages but influenced by illegal activities. The dry season distributions were determined by proximity to villages and water. During the dry season, elephants were attracted to villages by grain stores and fruiting trees. Stochastic simulation models confirmed the ranch authorities' observation that Elephant browsing is causing the tree and shrub populations to decline. In particular, the simulation models predicted that the cohort of *Acacia gourmaensis* trees and shrubs might almost totally disappear within a few years while the cohorts of *Vitellaria paradoxa* and *Maytenus senegalensis* will probably decline dramatically.

The superiority of the dung count method over the direct count method for detecting trends in populations was shown by an analysis of surveys made at Nazinga from 1980 to 2008. It is recommended that the dung count method be used for monitoring trends in Elephants at Nazinga and also elsewhere in the West African savannas.

k

It is suggested that the "problem" of Elephant impact upon the Nazinga vegetation be addressed by using dispersion as a process to moderate the spatiotemporal density of Elephants.

Key words: Elephants, dung, distribution, water, villages, woody vegetation, Nazinga Game Ranch, Burkina Faso.

SOMMAIRE

i

LISTE DES FIGURES

LISTE DES TABLEAUX

Page

SIGLES ET ABREVIATIONS

BNDT   : Base Nationale de Données Topographiques
DEA   : Diplôme d'Etudes Approfondies
EBM   : *Elephants Biology and Management*
EDG   : *the Enveronment and Developement Group*
GPS   : *Global Positioning System*
                (Système de Positionnement Global)
IDR   : Institut du Développement Rural
IUCN   : *International Union for the Conservation of Nature*
                (Union Internationale pour Conservation de la Nature)
MECV   : Ministère de l'Environnement et du Cadre de Vie
NSBCP   : *Northen Savanna Biodiversity Conservation Project*
OLS   : *Ordinary Least Square* (Moindre Carré Ordinaire)
ONG   : Organisation Non Gouvernementale
PAGEN   : Partenariat pour l'Amélioration de la Gestion des
                Ecosystèmes Naturels
PEGT   : Projet de Gestion des Ecosystèmes Transfrontaliers
PNKT   : Parc National Kaboré Tambi
RGN   : Ranch de Gibier de Nazinga
SSERA   : Section Suivi-Ecologique et Recherche Appliquée
STE   : *Save The Elephants*
U.K.   : *United Kingdom* (Royaume Unis)
U.P.B.   : Université Polytechnique de Bobo-Dioulasso
U.S.A.   : *United States of America* (Etats Unis d'Amérique)

xi

INTRODUCTION GENERALE

En Afrique de l'Ouest, le paysage environnemental est entrain de changer rapidement du fait de l'expansion des populations humaines. Celles-ci exercent d'importantes pressions croissantes sur les reliques d'habitats des nombreuses petites populations d'éléphants isolées de la sous-région (Parker et Graham, 1989 ; Roth et Douglas-Hamilton, 1991). Pour cette partie du continent, les questions de l'interaction des éléphants avec la végétation, l'eau et les activités humaines sont devenues préoccupantes. Elles sont d'autant plus préoccupantes que les effectifs des éléphants se reconstituent après les années de braconnages, que les populations humaines s'étendent dans les reliques d'habitats d'éléphants et que les aires de distribution des éléphants se réduisent progressivement suite à une population humaine croissante (Buechner et Dawkins 1961; Savidge 1968 ; Laws, 1970; Douglas-Hamilton 1973; Laws *et al.*, 1975; Caughley 1976; Barnes 1980; 1983; 1985; 1999 ; Barnes *et al.*, 1991 ; 1994; 2005 ; 2006a ; Sam *et al.*, 1998 ; Tehou et Sinsin, 2000 ; Héma, 2004 ; Blanc *et al.*, 2007 ; Gaugris et van Rooyen, 2010; Ihwagi *et al.*, 2010). Il y avait toutefois une plus grande préoccupation pour le phénomène de braconnage pour l'ivoire au milieu des années 1980 (Spinage, 1994).

Dans ce processus, les agriculteurs se sont installés sur les terres qui étaient antérieurement occupées par les animaux

1

sauvages. Aujourd'hui, cet état de fait engendre d'importants conflits croissants entre les nouveaux occupants (villageois) et certains animaux tels que les éléphants (Boafo *et al.*, 2004). En obstruant les anciennes routes et corridors de migrations vers les refuges voisins, les hommes continuent toujours de réduire graduellement et de fragmenter les habitats des éléphants tout en influençant leurs distributions à l'intérieur des aires protégées, par la pâture des animaux domestiques, la coupe des arbres et la chasse. Là où les aires de protections sont réduites, comme dans la plupart des cas en Afrique de l'Ouest, les effets des perturbations humaines pourraient s'étendre assez loin à l'intérieur des réserves (Barnes, 1999). Les hommes pourraient aussi affecter indirectement les éléphants par leurs activités à l'extérieur des aires protégées. En effet en modifiant le paysage des habitats autour de l'aire protégée, ils les rendent plus attractifs aux éléphants (Barnes, 2002). Du moment où les aires protégées ne sont pas des entités isolées, mais appartenant plutôt à des entités spatiales plus larges, leurs gestions efficaces requièrent que nous comprenions clairement les relations entre les populations animales et les communautés humaines qui les entourent. Dans la région sahélienne du Gourma malien, nous avons observé que de tels changements ont résulté en une certaine association entre éléphants et certaines espèces domestiques autour de la mare de Benzena (Barnes *et al.*, 2006a).

Au Burkina Faso, ces problèmes sont illustrés par la chaîne de zones protégées et les corridors de migrations d'éléphants dans la région sud du Burkina Faso, adjacente à la frontière ghanéenne (Bouche et Lungren, 2004, Sebogo et Barnes, 2003). Au milieu de cette chaîne est implanté le Ranch de Gibier de Nazinga (RGN). Il a été créé dans la perspective de conservation de la diversité biologique par la gestion et l'utilisation rationnelle des populations fauniques afin de produire des revenus aux habitants des communautés des villages riverains (Belemsobgo, 1995).

Les meilleures conditions d'habitat du Ranch de Gibier de Nazinga en fin de saison sèche, attirent chaque année les populations d'éléphants du Parc National Kaboré Tambi (PNKT) et de la forêt classée de la Sissilli (Jachmann, 1988 ; 1992 ; Jachman & Croes, 1991 ; Damiba & Ables, 1994). Ainsi, de fortes densités d'éléphants sont observées dans l'espace du ranch, particulièrement en saison sèche (Héma *et al.* 2008a ; 2008b ; 2009). Toutefois, les inventaires pédestres récurrents qui sont réalisés chaque année dans le ranch, n'ont pas encore permis d'évaluer objectivement les tendances des populations au fil des ans.

A la faveur du passage de la population humaine nationale de 4 millions en 1950 (United Nations, 2007) à 14,017 millions en 2008 (Institut National de la Statistique et de la Démographie, 2009), les

3

villages autour du Ranch de Gibier de Nazinga se sont étendus rapidement au cours des dernières décennies (Ouédraogo 1997 ; Kessler et Geerling 1994). Cette expansion des villages autour du ranch a sensiblement réduit les mouvements des éléphants engendrant parfois des conflits avec les populations riveraines (Hien 2003). Selon les gestionnaires du site, les distributions saisonnières des éléphants semblent avoir changé depuis son implantation.

Ainsi, à sa création en 1979, sur une superficie d'environ 38 300 ha, le RGN était occupé par seulement une quarantaine d'éléphants (Lungren C., *comm. pers.*). Les inventaires aériens, réalisés en janvier 1982 ont donné des estimations de population de 300 (95% intervalle de confiance : 0-110) éléphants à l'intérieur et près du RGN, puis de 230 (95% IC: 38-414) à l'intérieur et près de la portion sud-est du Parc National Kaboré Tambi (Bousquet données non publiées *in* Jachmann, 1992). Quelques années plus tard, Jachmann (1988 ; 1991) a estimé qu'environ 400 éléphants occupaient le ranch, parce que la plupart des éléphants du Parc National Kaboré Tambi avaient migré à Nazinga. Il y avait des corridors qui reliaient le ranch au parc National de Pô (encore appelé Parc National Kaboré-Tambi) au nord-est, à la vallée de la Sissili au sud et à la vallée de la Boucle du Mouhoun à l'est (Hien, 2001 ; Sebogo et Barnes, 2003 ; Bouché et Lungren, 2004). La pâture des éléphants montrait déjà des effets notables sur la végétation ligneuse au début des années 1990 (Jachmann et Croes, 1991; Damiba et Ables, 1994).

Le projet Nazinga s'est agrandit au fil des ans et l'aire du ranch s'est étendue jusqu'à ses limites actuelles d'environ 97 500 ha. Sur le terrain, des sources d'eau permanentes ont été créées, les mesures de protections ont été améliorées et de nombreux éléphants ont migré dans le ranch en provenance des zones adjacentes où le braconnage était intense (Jachmann et Croes, 1991). En conséquence, le nombre d'éléphants s'est accru rapidement à l'intérieur du ranch et le mode d'utilisation de l'habitat a changé. En 2001 et 2002 il y avait très peu d'éléphants au sud de Nazinga (Ouédraogo *et al.*, 2009). Les zones au nord sont également peu denses en éléphants (Bouché *et al.*, 2004). C'est donc le ranch qui abrite la plus grande proportion des éléphants de cette région sud du Burkina Faso. La population des éléphants du ranch était estimée à 1134 (95% CI: 503, 2553) en 2008. Ces pachydermes causent d'énormes dégâts aux cultures des communautés rurales vivant autour du ranch (Damiba et Ables, 1993 ; Hien, 2003) et leurs impacts notables sur la végétation continuent.

Ces phénomènes écologiques posent clairement les questions de maîtrise de la dynamique démographique de l'éléphant et les problèmes de gestion de l'interface écologique faune-population humaine en Afrique. En substance, ils interpellent les aménagistes des aires de faunes africaines sur les perspectives d'amélioration des approches d'aménagement rationnel des réserves de faune et surtout de l'interface écologique faune-population humaine. C'est dans cet ordre que s'inscrit cette étude doctorale dont le but était de tester l'hypothèse selon laquelle «les facteurs environnementaux et anthropiques déterminent les variations de distributions des populations d'éléphants qui en retour exercent des impacts mesurables sur le couvert végétal». Les moyens mis en œuvre pour vérifier cette hypothèse concernaient l'estimation des effectifs des populations d'éléphants, l'évaluation et l'analyse des distributions spatiales des individus et groupes d'éléphants dans le ranch, puis la modélisation mathématique des différents évènements mis en évidence lors des investigations. Ainsi l'étude avait pour objectifs de : (i) estimer la population des éléphants du ranch par la méthode directe de comptage des éléphants, (ii) tester l'hypothèse d'une variation annuelle majeure des effectifs de la population d'éléphants entre 2007 et 2008 au moyen de la méthode de comptage des déjections, (iii) déterminer les distributions des éléphants en saison sèche et en saison pluvieuse et les influences des activités humaines et de l'eau sur ces distributions, (iiii) confirmer si les éléphants sont entrain de réduire significativement la population des arbres et arbustes du ranch et alors (iiiii) prédire les changements de population des arbres et arbustes à partir de certaines hypothèses en relation avec une croissance ou réduction

6

des effectifs des éléphants et les conséquences sur les objectifs de gestion du ranch. (iiiiii) évaluer l'efficacité de la méthode des déjections par rapport à la méthode directe en vue de proposer un schéma de monitoring écologique simple, peu couteux mais efficace, basé sur la méthode des déjections.

Ainsi, en plus de fournir une estimation de l'effectif des populations d'éléphants au cours de l'étude, cette thèse voudrait tester l'efficacité de la méthode des déjections pour le monitoring écologique des éléphants de savane de Nazinga. Au moyen de cette méthode indirecte, elle voudrait surtout quantifier les interactions entre les éléphants et la végétation ligneuse, l'eau et les activités humaines à Nazinga, à partir de certaines questions théoriques de base telles que : Les effectifs des éléphants varient-ils à Nazinga ? Quelles sont les distributions saisonnières des éléphants à l'intérieur du ranch ? Ces distributions sont-elles différentes de celles observées au cours des années 80 ? Quels sont les principaux facteurs qui déterminent les distributions observées ? Les effectifs des arbres et arbustes sont-ils entrain de régresser du fait de l'action des éléphants en fin de saison sèche à Nazinga ? La relation est-elle consistante d'une espèce végétale à une autre ? Quelles peuvent être les conséquences sur les tendances futures de la population végétale ? Quelles peuvent être les implications de telles perturbations sur les objectifs de gestion à Nazinga ? La méthode des déjections est-elle plus efficace que la méthode directe dans l'estimation des tendances des effectifs des populations d'éléphants ?

Nous essayons de répondre à toutes ces questions dans ce document. Il comporte une introduction générale, quatre chapitres dont le premier porte sur les généralités de l'étude, le deuxième sur le matériel et les méthodes utilisées, le troisième sur les résultats obtenus, le quatrième sur les discussions des résultats et enfin une conclusion générale assortie de recommandations et de perspectives.

CHAPITRE I : GENERALITES

Photo 1 : Une vue du portique d'entrée principale de Nazinga (Photo, HEMA M.E., 26-02-2007)

1. JUSTIFICATION DE L'ETUDE

La stratégie sous-régionale de conservation des éléphants (*African Elephants Specialists Group*, 1999), à laquelle souscrit le Ranch de Gibier de Nazinga par le biais de son ministère de tutelle (Belemsobgo *et al.*, 2003) instruit clairement que toutes les sous populations d'éléphants de l'espace régional soient identifiées et leurs biologie et écologie étudiées dans la perspective de la conservation durable des ressources biologiques.

Le système de *ranching* à Nazinga s'est assigné le double objectif de parvenir simultanément à la conservation de la diversité biologique et à l'autofinancement du ranch tout en faisant de Nazinga un modèle pour d'autres initiatives au Burkina Faso et en Afrique de l'Ouest (Belemsobgo, 1995). Dans sa stratégie d'approche pour atteindre ses objectifs, le ranch s'est résolu à fonder ses décisions d'aménagement et de gestion sur la base des résultats d'études scientifiques. C'est pourquoi, depuis sa création, il a toujours accordé une place importante à la recherche avec une priorité pour les études sur la faune et son habitat.

L'éléphant est une des espèces "essentielles" du ranch de part ses nombreuses potentialités touristiques. Sa population relativement importante, lui a value d'être inscrit au rang des

10

espèces potentiellement valorisables. Les inventaires pédestres directs réalisés chaque année à Nazinga depuis 1985, n'ont pas permis d'évaluer les tendances de la population. Mais, selon les aménagistes du ranch, l'effectif de la population de leurs éléphants augmente constamment depuis le début de l'"initiative Nazinga" en 1979. Aussi, constatent-ils une baisse sensible de la population des arbres et arbustes du ranch sous l'action des éléphants ces dernières années. Pour les aménagistes du ranch, il y a nécessité absolu de se doter d'outils de gestion efficace et d'élucider les phénomènes écologiques nouveaux qui sont entrain de s'opérer entre l'éléphant de Nazinga et son écosystème. C'est pourquoi ils ont jugé totalement recevable le projet d'étude doctorale portant sur les distributions des éléphants et leurs impacts sur l'environnement, que nous leurs avons proposé courant fin 2006. Les questions d'intérêts concernaient particulièrement l'identification d'une technique de monitoring efficace et adaptée aux conditions du ranch, les distributions saisonnières des éléphants, les types de relations qui existent entre les éléphants et les installations humaines autour du ranch et les sources d'eau, l'ampleur des dégâts d'éléphants causés à la végétation ligneuse du ranch et les tendances évolutives de la population de cette végétation.

Assurément, une telle étude qui se veut un diagnostic réel de la condition actuelle de l'éléphant de Nazinga, entre dans le cadre de la consolidation des connaissances de l'écologie (et l'éthologie) de l'éléphant de savane ouest africaine et particulièrement ses relations comportementales avec son environnement végétal, humain et climatique. Elle s'inscrit dans la perspective des activités de monitoring biologique et de l'exploitation durable de la faune du ranch. A ce titre, elle voudra surtout aider à l'orienter les décisions de gestion et de valorisation des ressources naturelles du site. Aussi, l'étude se résoud t'elle à estimer l'effectif de la population des éléphants à Nazinga et de montrer les variations d'effectifs et les distributions saisonnières des populations d'éléphants entre 2006 et 2008. Elle voudra aussi permettre de déterminer les influences des activités anthropiques et l'eau sur ces distributions et d'évaluer les impacts des éléphants sur la végétation ligneuse du Ranch. Elle aidera ensuite à formuler les possibles tendances futures des populations d'arbres et arbustes du ranch et enfin à formuler des recommandations de monitoring et de gestion durable des ressources naturelles de la zone.

2. LE SITE D'ETUDE

2.1. SITUATION GEOGRAPHIQUE ET ADMINISTRATIVE

Le Ranch de Gibier de Nazinga est situé dans la partie sud du Burkina Faso (figure 1). Il se trouve entre 11°01' et 11°18' de latitude Nord et entre 1°18' et 1°43' de longitude Ouest à environ 165 km de route de Ouagadougou. Il est délimité par une piste périphérique dont une portion sud longe la frontière entre le Burkina Faso et le Ghana. Sa superficie est d'environ 975 Km². Il est logé à 90% dans la province du Nahouri dont le chef lieu Pô est à moins de 15 km de sa plus proche limite ; les autres 10% sont logés dans la province de la Sissili.

Au plan sous-régional, le Ranch appartient à l'écosystème transfrontalier du Nakambé situé dans le Sud du Burkina Faso (Figure 2a). Cet écosystème comprend la réserve partielle de la Sissili, le Parc National de Pô (encore appelé Parc National Kaboré Tambi) et le Ranch de Gibier de Nazinga et leurs zones périphériques, logés dans les sous-bassins versants de la Sissili, du Nazinon (Volta rouge) et du Nakambé (Volta blanche). La Sissili et le Nazinon rejoignent le Nakambé au Ghana. Dans le prolongement des sous-bassins de la Sissili et du Nazinon on trouve diverses forêts classées de tailles variables et cela jusqu'à environ 100 km au sud de la frontière avec le Burkina Faso où se situe le Parc National de Mole (figure 2b).

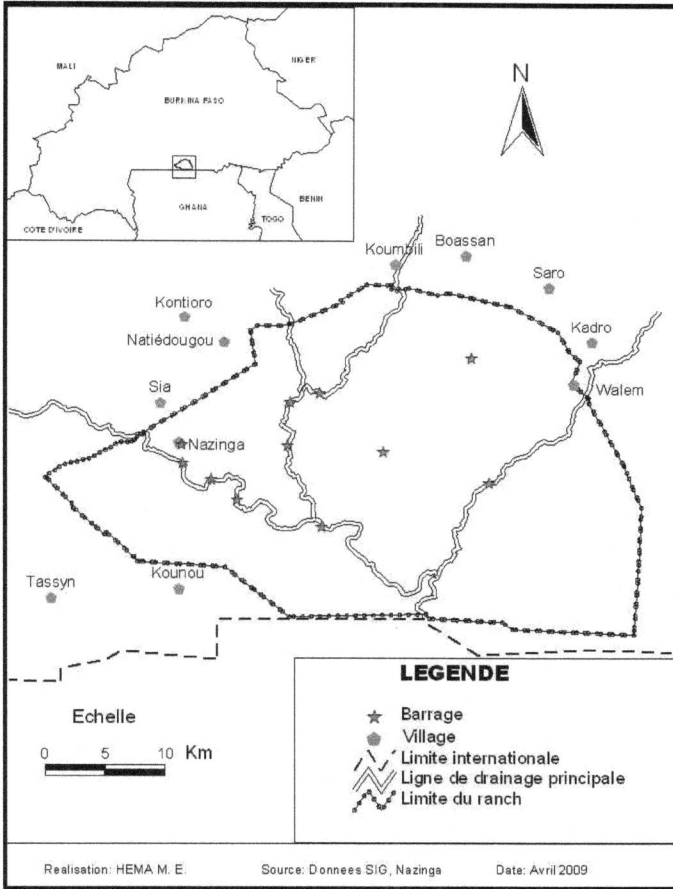

Figure 1 : Carte de la localisation du RGN au Burkina Faso

14

a)

b)

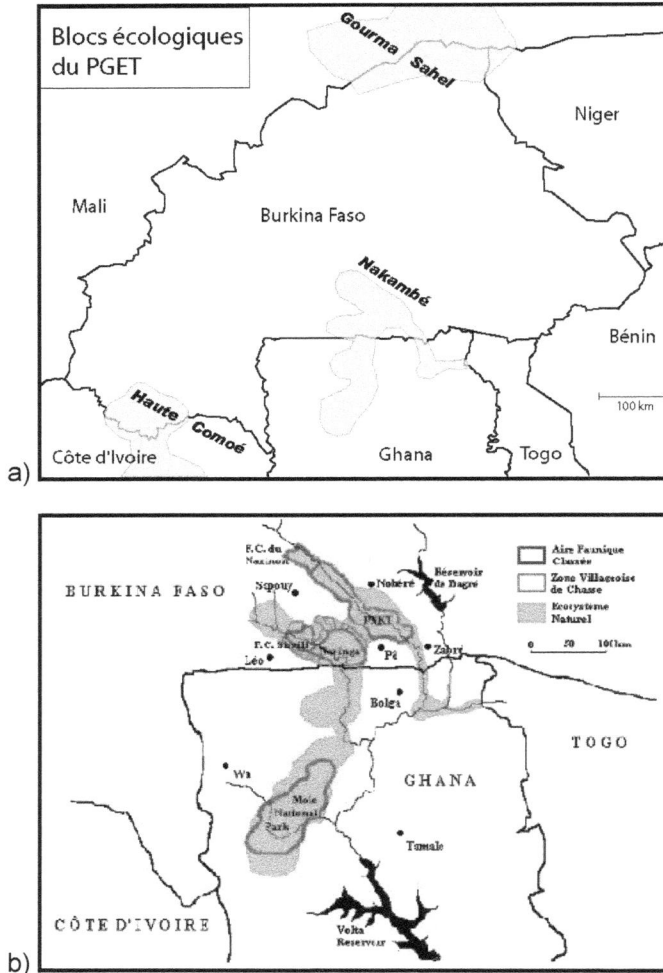

Figure 2 : Les corridors transfrontaliers de l'UICN au Burkina Faso;

Légende : a) localisation géographique d'après Hamerlynck et Borrini-Feyerabend (2004) ; b) Corridor transfrontalier potentiel reliant le Ghana au Burkina Faso d'après Adjewodah et al. (2006).

2.2. GEOMORPHOLOGIE ET SOLS

Au RGN, le relief est relativement plat, incliné dans le sens nord-sud. La partie la plus élevée est une plaine dont la plupart des points ont une altitude moyenne de 300 m (Spinage, 1984). Les pentes descendent légèrement de 280 à 260 m dans le lit de la rivière Sissili et de ses affluents. Les points de terrain les plus élevés ont une altitude qui avoisine 380 m.

Les sols, développés sur un substrat granitique et birrimien, sont de types ferrugineux tropicaux. Ils sont généralement argilo-sableux en surface, surmontant du limon argileux et de l'argile. Les plaines et les glacis comportent une carapace ferrugineuse débutant entre 25 à 95 cm de profondeur (Betts et Brown, 1987).

La distribution des sols est illustrée en figure 3. Les plus abondants sont les sols migmatites à biotite amphibole.

16

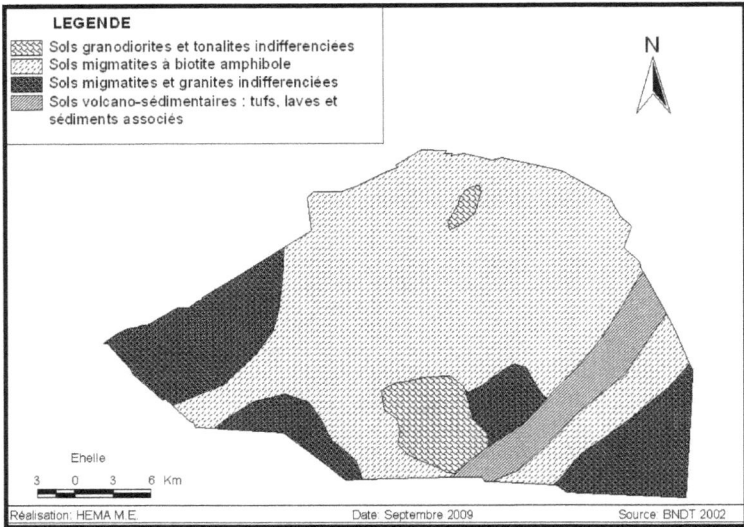

LEGENDE

Sols granodiorites et tonalites indifferenciees
Sols migmatites à biotite amphibole
Sols migmatites et granites indifferenciées
Sols volcano-sédimentaires : tufs, laves et sédiments associés

N

Ehelle

3   0   3   6 Km

Réalisation: HEMA M.E.   Date: Septembre 2009   Source: BNDT 2002

Figure 3 : Carte de la distribution des sols au RGN

2.3. CLIMAT

Nazinga appartient au domaine climatique soudanien humide. Il est localisé plus précisément dans le district Volta Noire Est du domaine soudanien méridional (Guinko, 1985 ; Riou *in* Fournier, 1991). Son climat est caractérisé par l'alternance d'une saison sèche qui va de Octobre à Mai et d'une saison pluvieuse qui va de Juin à Septembre. Les isohyètes se situent entre 900 et 1100 mm de pluviosité (Figure 4). L'harmattan, vent continental chaud et sec qui souffle de Novembre à Mars, conditionne la saison sèche. A partir de Mars souffle la mousson qui annonce la saison des pluies. Les hautes températures sont enregistrées entre Mars et Avril tandis que les basses se situent en Décembre, Janvier et parfois en Août (figure 5).

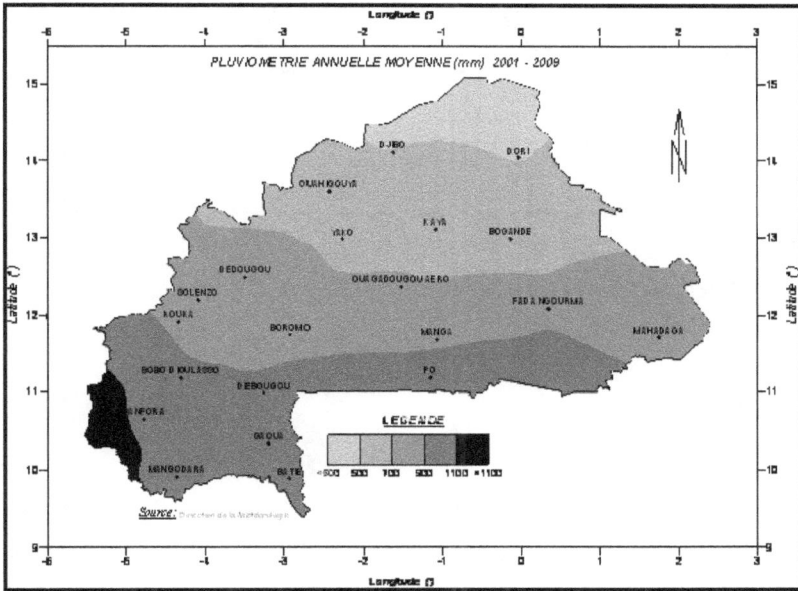

Figure 4 : Répartition spatiale de la pluviométrie annuelle moyenne au Burkina Faso

(Source: Direction de la Météorologie, 2010)

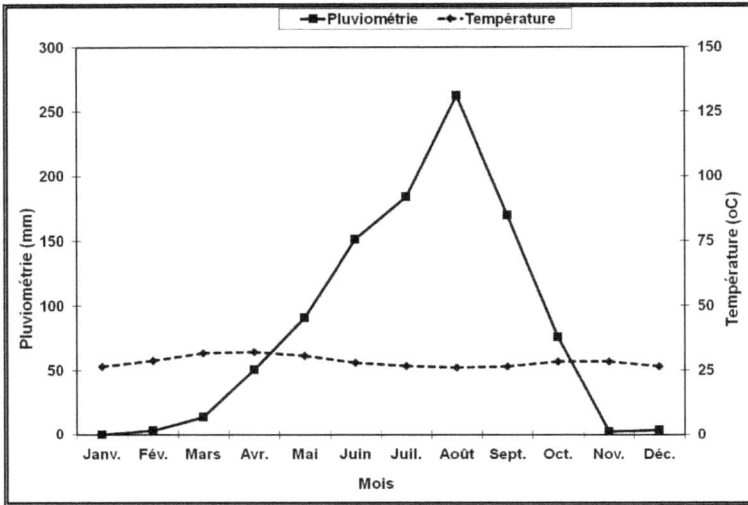

Figure 5 : Diagramme ombrothermique de Pô de 1997 à 2007
(Source données : station météorologique de Pô)

2.4. VEGETATION

La zone d'étude appartient au secteur phytogéographique soudanien. Elle se trouve entièrement dans le District Volta Noire Est du secteur soudanien méridional (Guinko, 1985; Fontes et Guinko, 1995). Le type de végétation qui domine est la savane arbustive à *Combretum* et *Terminalia*.

Dekker (1985) a défini six unités de paysages correspondant à des portions de territoires caractérisées par une densité ligneuse et une position topographique donnée (figure 6). Yaméogo (1999) propose ensuite une estimation de proportion pour chacune de ces unités. Il s'agit de la forêt galerie (9,5% de la superficie du ranch), la savane arborée (26,9% de la superficie du ranch), la savane arborée dense (1,1% de la superficie du ranch), la savane arbustive claire (45,3% de la superficie du ranch), la savane arbustive dense (0,2% de la superficie du ranch) et la savane boisée (15,66% de la superficie du ranch). Les forêts claires se localisent surtout le long des principales rivières.

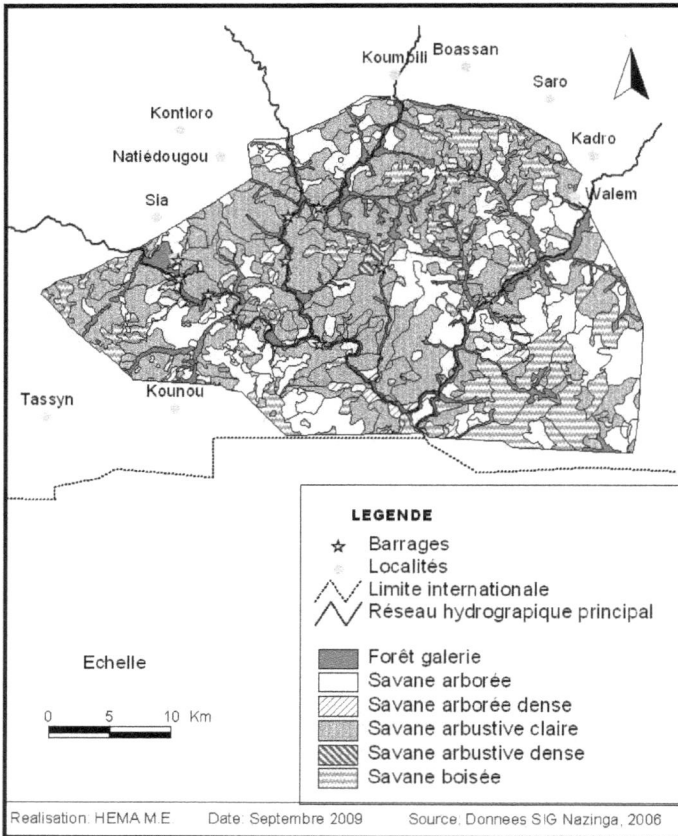

Figure 6 : Les unités de végétation du RGN selon Dekker (1985)

Les espèces couramment rencontrées sont celle caractéristiques des habitats des savanes ouest-africaines. Il s'agit notamment de : *Burkea africana* Hook. (Caesalpiniaceae), *Detarium microcarpum* Guill. et Perr. (Caesalpiniaceae), *Khaya senegalensis* (Desr.) A. Juss. (Meliaceae), *Piliostigma thonningii* (Schumach.) Milne-Redh. (Caesalpiniaceae), *Combretum spp, Daniellia oliveri* (Rolfe) Hutch. & Dalz. (Caesalpiniaceae), *Anogeissus leiocarpa* (DC.) Guill. et Perr. (Combretaceae), *Mitragyna inermis* (Willd.) O. Ktze (Rubiaceae), *Ficus spp, Andropogon gayanus* Kunth (Poaceae), *Vetiveria nigritana* (Benth.) Stapf (Poacea), *Diheteropogon spp, Hyparrhenia spp, Cymbopogon spp* et *Loudetia togoensis* (Pilg.) C. Hubb (Poaceae) (Guinko, 1984; 1985, Arbonnier, 2000; Bosch *et al.*, 2002).

La biomasse herbeuse produite pendant l'hivernage se dessèche pendant la saison sèche ; elle est chaque année détruite par les feux de brousse.

2.5. RESEAU HYDROGRAPHIQUE

Le ranch est traversé par trois (03) principaux cours d'eau que sont la Sissili et ses deux affluents, le Dawévélé et le Nazinga. Ces cours d'eau sont intermittents et ne coulent qu'en saison des pluies de juillet à octobre. En saison sèche il ne subsiste que des mares résiduelles dans leurs lits. Ils reçoivent de nombreux affluents temporaires qui inondent pendant la saison des pluies, de très vastes superficies du ranch. Onze (11) retenues d'eau ont été construites dans le ranch (Figure 1).

2.6. FAUNE

La faune est assez variée avec plus de 290 espèces d'oiseaux (Oubda *et al.*, 2008), 26 espèces de poissons (Ouédraogo, 1987) et une dizaine d'espèces d'ongulés dont les plus courants sont: le buffle (*Syncerus caffer* Sparrman 1779), l'hippotrague (*Hippotragus equinus* Desmarest 1804), le bubale (*Alcelephus buselaphus* Pallas 1766), le cobe défassa (*Kobus ellipsiprymmus defassa* Ruppell 1835), le cobe de buffon (*Kobus Kob* Erxleben 1777), le cobe redunca (*Redunca redunca* Pallas 1767), le guib harnaché (*Tragelephus scriptus* Pallas 1766), le céphalophe de Grimm (*Sylvicapra grimmia* Linnaeus 1758), l'ourébi (*Ourebia ourebi* Zimmermann 1782), le phacochère (*Phacochoerus aethiopicus* Pallas 1766), le Cynocéphale (*Papio anubis* Lesson 1827), le Singe vert (*Chlorocebus aethiops* Linnaeus 1758), le Singe rouge (*Erythrocebus patas* Schreber 1775) ; L'éléphant (*Loxodonta africana africana* Blumenbach 1797) et l'oryctérope (*Orycteropus afer* Pallas 1766) sont les uniques représentants des proboscidiens et tubulidentés. Les carnivores comprennent essentiellement l'hyène tachetée (*Crocuta crocuta* Erxleben 1777), l'hyène rayée (*Hyaena*

23

hyaena Linnaeus 1758) et le chacal commun (*Canis adustus* Sundevall 1847).

Les espèces animales abattues dans le cadre du programme de chasse légale concernent: l'hippotrague, le bubale, le phacochère, le Guib-harnache, le buffle, le céphalophe de Grimm, le waterbuck, l'ourébi et le babouin.

2.7. ASPECTS SOCIO-ECONOMIQUES

Au total 10 villages ont leurs terroirs directement contigus au ranch. Il s'agit des villages de Walème, Saro, Boassan Koumbili, Natiédougou, Kountioro et Sia relevant administrativement du département de Guiaro (province du Nahouri) et des villages de Tassyan, Kounou et Boala du département de Biéha (province de la Sissili).

Des informations collectées auprès de la Préfecture de Bieha et le Poste de santé de Sia estiment la population totale de ces villages à 8148 habitants en 2006. Il semble que dans cette zone, la composition démographique est relativement équilibrée entre hommes et femmes, avec plus de la moitiée ayant moins de 18 ans (Oubda *et al.*, 2008). La densité moyenne de la population de la région est à peine 10 habitants/km^2. Par ailleurs, depuis la sécheresse des années 1970, la zone est sujette à une forte immigration des populations du nord (Kessler et Geerling, 1994; Ouédraogo, 1997). Le taux de croissance moyen annuel de la population des villages riverains est estimé à 5,3%.

Cette population est majoritairement constituée de gourounssi, ethnie autochtone cohabitant avec des migrants Mossi, Bissa et Peulh dont la dernière vague d'installation dans la zone à la recherche des terres vierges, a débuté après les grandes sécheresses des années 1970 (Ouédrago, 2005). Les Mossi constituent le groupe le plus important des migrants. Il semble que les gourounssi sont originaires soit du plateau central soit du nord Ghana (Liberski, 1991). Au plan interne, la région de Nazinga est une zone d'accueil des migrants (Kessler et Geerling, 1994; Ouédraogo, 1997).

Les gourounsi étaient jadis organisés en unité de base familiale organisée autour de lignage avec une autorité fondée sur la division de la société en générations, avec les anciens contrôlant son fonctionnement à travers le culte des ancêtres. Dans la région de Nazinga, ils vivent aujourd'hui sous la tutelle d'un chef de terre et d'un chef coutumier (chef politique) qui joue le rôle de chef de village (Delbene, 2001 ; Ouédraogo, 2005). Depuis 1990, des responsables administratifs villageois sont désignés pour représenter l'administration centrale.

L'islam est la religion dominante. Les principales activités économiques sont l'agriculture et l'élevage. Cependant, les populations gourounssi vivent également de l'exploitation des ressources naturelles, notamment de la faune sauvage, des produits dérivés de la forêt et de la pèche tandis que les autres ethnies sont des agropasteurs. L'agriculture est restée très traditionnelle avec une dominance pour les céréales, essentiellement le sorgho (*Sorghum bicolor*), le maïs (*Zea mays*) et l'igname (*Dioscorea spp.*).

La région de Nazinga constituait une zone traditionnelle de transhumance pour les pasteurs peulhs. Mais de nos jours, ces éleveurs ont tendance à se sédentariser. Ainsi, il y est pratiqué aujourd'hui deux grands types d'élevage : (i) l'élevage extensif pratiqué par les pasteurs peulhs et qui se compose presque exclusivement de bovins et (ii) l'élevage dit de case, dérivatif et complémentaire de l'agriculture de subsistance pratiquée par les gourounsi, composé de petits ruminants, des bovins et des volailles (Ouédraogo, 2005).

Les infrastructures sociales sont très peu développées dans l'ensemble, mais elles présentent un niveau de développement assez important dans les chefs-lieux de département.

3. L'ELEPHANT

3.1. HISTORIQUE

Les plus vieux fossiles de *Loxodonta* datant entre 5,5 et 6 millions d'années ont été découverts en Ouganda (Tassy, 1995). Les premières espèces de *Loxodonta* ont occupé les forêts de l'Afrique centrale, d'où elles auraient colonisé ensuite les autres régions du continent (Eggert *et al.*, 2002). Les perturbations écologiques des temps glaciaires ont influencé profondément le processus de différenciation et d'adaptation des différentes espèces.

Jadis, l'éléphant africain (*Loxodonta africana*) se répartissait depuis la côte Méditerranéenne jusqu'au sud de l'Afrique (Barnes *et al.*, 1999). Aujourd'hui, il est retrouvé seulement dans l'Afrique au sud du Sahara en fragments très isolés. En 1979, la population totale d'éléphants était estimée à 1,3 millions d'individus (Spinage, 1994). Le braconnage pour l'ivoire et la compétition avec l'Homme pour l'habitat, ont réduit ce nombre à entre 400000 et 700000 (Blanc et al., 2007).

3.2. TAXONOMIE

Les éléphants africains appartiennent à la famille des *Elephantidae*, l'ordre des *Proboscidae* et la classe des *Mammifères* (Estes, 1991). Généralement, l'on considère qu'ils sont la même espèce *Loxodonta africana*, avec deux sous-espèces : le gros éléphant *Loxodonta africana africana* Blumenbach 1797, des savanes et brousses africaines et le petit éléphant *Loxodonta africana cyclotis* Matschie 1900, des forêts humides (Laursen et Bekoff, 1978 ; Western, 1986 ; Dudley et al., 1992).

En 2000, Grubb et ses collaborateurs montrent des différences morphologiques qui existent entre ces deux sous espèces et suggèrent qu'elles sont des espèces différentes. Quelques années plus tard, Roca et al. (2001; 2005), Eggert et al. (2002), Comstock et al. (2002) et Roca et O'Brian (2005) présentent les différences génétiques qui les séparent et montrent qu'elles sont deux espèces différentes. De plus, Eggert et al. (2002) suggèrent que les éléphants des forêts et savanes Ouest Africaines pourraient constituer une troisième espèce différente d'éléphants Africains.

Mais, les récents travaux de Ishida *et al.* (2011) rejettent cette hypothèse.

Il n'existe pas encore de consensus au sein de la communauté scientifique par rapport au nombre d'espèces présentement rependues en Afrique (Debruyne *et al.*, 2003 ; Debruyne, 2005). Les éléphants de Nazinga sont des éléphants des savanes ouest africaines. Pour leurs classifications taxonomiques dans cette thèse, nous nous conformons à la décision du Groupe des Spécialistes d'éléphants Africains. Cette décision recommande de continuer à traiter les éléphants africains comme deux sous espèces en attendant que des recherches complémentaires confirment les nouvelles classifications taxonomiques proposées (African Elephants Specialist Group, 2003).

3.3. ECOLOGIE ET BIOLOGIE DES ELEPHANTS

3.3.1. L'ELEPHANT D'AFRIQUE

L'éléphant est le plus gros animal terrestre. Selon Estes (1991), il subsiste dans tous les types d'habitats qui lui procurent une quantité adéquate de nourriture et d'eau. La proportion et le type de fourrage qu'il consomme varient selon la saison et la disponibilité. Il consomme d'avantage les herbes en saison pluvieuse et se concentre plutôt sur les plantes ligneuses en saison sèche. En zone de savane, il occupe de vastes surfaces en saison pluvieuse mais passe la plupart de son temps en forêt et autour des points d'eau pendant les autres saisons.

L'éléphant a un grand impact sur son environnement. Les importants dommages qu'il cause souvent aux arbres cachent ses effets bénéfiques sur l'environnement (Estes, 1991).

Le système matriarcal domine l'organisation sociale de ce pachyderme. L'unité sociale de base est le groupe de femelles parentes. Il consiste en une mère et ses filles et leurs petits. Les mâles quittent le groupe pour vivre en solitaire ou aussi en groupe (Estes, 1991).

Dans les conditions naturelles africaines, un éléphant de savane femelle peut vivre jusqu'à 65 ans tandis que le male peut vivre jusqu'à près de 60 ans. L'espérance de vie peut atteindre 41 ans pour les femelles et 24 ans pour les males (Moss, 2001). La première conception d'une femelle est possible à partir de 9 ans ; la gestation dure environ 656 jours et concerne rarement des jumeaux (Estes, 1991 ; Moss, 2001).

3.3.2. LES ELEPHANTS DE NAZINGA

Dans le monde des éléphants, Nazinga est un site bien connu. Il est peut être le site d'éléphants le mieux connu de la sous-région parce que plusieurs études portant sur les éléphants y ont été réalisées. Les études réalisées sont essentiellement de deux types. Il s'agit des études portant sur l'écologie des éléphants à Nazinga d'une part et des études portant sur les estimations des effectifs de leurs populations d'autre part.

Dans la catégorie des études de l'écologie des éléphants à Nazinga, les principaux travaux sont ceux de : Sébogo (1986), portant sur les structures d'âge de la population des éléphants à Nazinga ; Jachmann (1988), portant sur l'abondance, la distribution et les mouvements des éléphants de Nazinga ; Jachmann et Croes (1991), portant sur les effets des broutages des éléphants sur la végétation à Nazinga ; Jachmann (1992) portant sur les mouvements des éléphants à l'intérieur et autour du ranch de Nazinga ; Damiba et Ables (1993) portant sur la gestion des éléphants et/ou les relations conflictuelles avec les populations riveraines à Nazinga ; Damiba et Ables (1994), portant sur les caractéristiques de la population des éléphants et leurs impacts sur la végétation ligneuse ; Hien *et al.* (2000) et Hien (2001) portant sur les mouvements des éléphants en relation à la disponibilité alimentaire à Nazinga et la dissémination des graines de quelques espèces végétales par cette espèce et Hien *et al.* (2007), portant sur les déterminants des distributions des éléphants à Nazinga.

Dans la catégorie des études d'estimation des effectifs, nous avons les travaux de O'Donoghue (1985), Bousquet (1982) *in* Jachmann (1988), Jachmann (1988 ; 1991), Damiba et Ables (1994), Cornelis (2000), Ouédraogo et el. (2009), Bouché *et al.* (2004) et Héma *et al.* (2007 ; 2008b ; 2009).

Les résultats des études écologiques (distribution, relation avec l'habitat, et la population humaine) ont suscité les questions futuristes de l'évolution des tendances et de leurs conséquences possibles sur les ressources et les objectifs de gestion du Ranch de Gibier de Nazinga (RGN). Etant donné : (i) l'inexactitude et l'imprécision des résultats d'inventaires basés sur les observations directes, pour permettre de déceler les tendances ; (ii) le manque de personnel qualifié et le coût élevé des inventaires aériens ; (iii) le souci des aménagistes du ranch d'optimiser les actions de valorisation des ressources fauniques du ranch, dans le contexte d'une population humaine riveraine et éléphantine croissantes, plusieurs questions majeures se posaient. Parmis celles-ci l'une des plus importantes concernaient la définition d'une méthode simple, efficace et financièrement adaptée pour le monitoring écologique des éléphants et autres grands mammifères à Nazinga.

4. LE *"LINE TRANSECT"*

Dans notre approche méthodologique pour cette étude, nous utilisons beaucoup le *"Line transect"* dont nous rappelons ici, le concept et les principales théories de base.

4.1. CONCEPT

La méthode de collecte des données sur transect linéaire à largeurs variables telle que développée par Burnham *et al.* (1980) et Buckland *et al.* (1993 ; 2001), consiste en un inventaire d'objets (pouvant être soit des individus soit des groupes d'individus animaux ou leurs déjections) le long de lignes à largeurs non prédéfinies. En admettant que les observations sont des événements indépendants et qu'aucun animal n'est compté deux fois, la méthode se fonde sur trois hypothèses fondamentales (Thomas *et al.*, 2010) qui soutiennent que :

Hypothèse 1 : les objets qui sont situés sur le transect sont détectés avec certitude.

Hypothèse 2 : les objets sont immobiles. Dans le cas où les objets sont des animaux l'on signifie par cette hypothèse qu'ils sont détectés à leur position initiale.

Hypothèse 3 : les distances et les angles sont mesurés avec exactitude.

Dans le comptage sur transect linéaire à largeur variable, seulement une proportion de la population animale d'une aire donnée sera détectée au cours de l'étude. La méthode utilise la mesure de la distance perpendiculaire entre l'animal ou le groupe d'animaux observés et la ligne centrale du transect.

4.2. THEORIE

La procédure de calcul de la densité selon la méthode DISTANCE repose principalement sur l'estimation de la relation entre la distance qui sépare un objet observé de la ligne de marche (y) et la probabilité de détecter cet objet (g(y)). La probabilité de détection, g(y), est une fonction qui dépend de plusieurs variables notamment les conditions météorologiques, les observateurs et le comportement des animaux en réponse à la présence des observateurs. La relation entre (y) et g(y) est formalisée au moyen d'une fonction g(x) qui est la probabilité conditionnelle d'observer ou de détecter un objet (un animal ou groupe d'animaux) sachant que cet objet est situé à une distance perpendiculaire y du centre de la ligne de marche (g(x)= Pr(observer un objet|distance x)). Au regard de l'hypothèse 1, g(x) est une fonction monotone et décroissante. Il existe une vingtaine d'estimateurs paramétriques et non paramétriques de cette fonction densité de probabilité (Burnham *et al.*, 1980).

L'estimation de la densité est donnée par la formule générale de Burnham *et al.* (1980) :

$$\hat{D}_s = \frac{n.\hat{f}(0)}{2L}$$

où $\hat{D}_s$ est l'estimateur de la densité de groupe (densité de contact); *n* est la taille de l'échantillon c'est-à-dire le nombre d'observations (contacts); *L* est la longueur totale des transects ; $\hat{f}(0)$ est l'inverse de la demi largeur effective de la bande *w* ($\hat{f}(0) = \frac{1}{w}$), c'est la fonction probabilité de détection. Elle est estimée par le logiciel à travers des modèles mathématiques robustes liés à la fonction densité de probabilité elle-même liée à la fonction de détection illustrée par la courbe décrivant la relation entre la distance x d'un objet cible depuis le transect et sa probabilité d'être détectée (Burnham et Anderson, 1976 ; Buckland *et al.*, 1993 ; 2001).

Sous l'hypothèse d'indépendance entre les variables, notamment entre n et x, la formule générale de la variance de $\hat{D}_s$ s'établit comme suit :

$$\text{var}(\hat{D}_s) = \hat{D}_s^{\;2} \left(\frac{\text{var}(n)}{n^2} + \frac{\text{var}(\hat{f}(0))}{(\hat{f}(0))^2} \right)$$

En admettant l'hypothèse que la taille du groupe (s) est indépendante de la distance par rapport à la ligne de transect (c.à.d. que, g(x) ne dépend pas de s), alors la moyenne de l'échantillon $\bar{s}$ est un estimateur de la taille moyenne des groupes $\hat{E}(s) = \bar{s} = \sum s_i / n$, où s_i est la taille du ième groupe; dans ce cas la densité des éléphants $(\hat{D})$ peut être estimée par $\hat{D} = \dfrac{n.\hat{f}(0).\bar{s}}{2L}$; et la variance de $\hat{D}$ est estimée par,

$$\text{var}(\hat{D}) = \hat{D}^2 . \left\{ [cv(n)]^2 + [cv\{\hat{f}(0)\}]^2 + [cv(\bar{s})]^2 \right\} = \hat{D}^2 . \left(\frac{\text{var}(n)}{n^2} + \frac{\text{var}(\hat{f}(0))}{(\hat{f}(0))^2} + \frac{\text{var}(\bar{s})}{\bar{s}^2} \right)$$

4.3. PRATIQUE

4.3.1. TERRAIN

En pratique, un nombre déterminé de transects (unités d'échantillonnage) avec une longueur totale (L) est placé aléatoirement dans l'habitat des objets à inventorier. Ces transects sont ensuite parcourus (à pieds, en voiture, à dos de chameau etc.) par des observateurs. Sur le transect, les observateurs marchent doucement le long de lignes strictement droites, symbolisant les centres des transects, en suivant un azimut de boussole prédéfini et en scannant l'espace sur chaque côté de la ligne. Ils contournent les obstacles (arbres et arbustes ou point d'eau difficile) de manière à pouvoir revenir sur la ligne immédiatement après l'obstacle afin de minimiser les biais introduits dans les estimations du fait de lignes non strictement droites (Boafo *et al.*, 2009). L'unité d'observation sur transect est le groupe d'éléphants. Le groupe peut être constitué seulement d'un individu éléphant ($s = 1$).

Le long des transects, les observateurs vont rechercher et identifier les objets ou groupes d'objets. Pour chaque observation, les informations suivantes sont relevées : la longueur de marche sur transects, l'effectif du groupe, les distances perpendiculaires par rapport au centre de la ligne du transect. Ou à la fois les distances radiales (r) qui sont celles qui séparent l'observateur et les positions initiales de l'individu ou groupe d'objets vus et les angles de vue (α) qui sont les angles formés par la ligne du transect et la ligne joignant l'observateur à la position initiale de l'individu animal ou groupe animal vu (Figure 7). Dans le cas des inventaires directs à Nazinga, l'on note plutôt l'azimut d'observation des animaux puis l'on en déduit l'angle de vu (α) sachant l'azimut de marche.

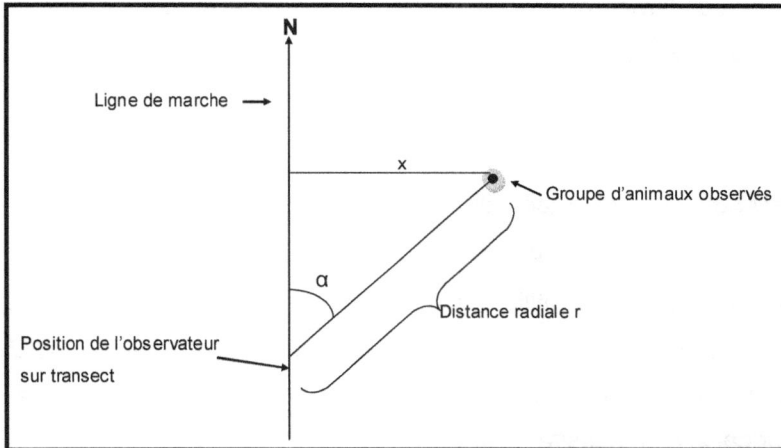

Figure 7 : Schéma de mesure des données d'observations animales utilisées pour les analyses de DISTANCE 4.1.2.

Dans le cas d'un inventaire utilisant les distances radiales et angles, les distances perpendiculaires sont estimées selon la formule $x = r.\sin us(\alpha)$.

4.3.2. ANALYSE

Les informations essentielles qui sont exploitées dans la base de données d'inventaires pour les estimations et analyses des paramètres de la population de l'objet inventorié concernent : la distance perpendiculaire (x), l'effort d'échantillonnage qui est la distance effectivement parcourue par les équipes d'inventaires, le nombre d'individu-objets que comporte le groupe et la superficie de la zone recensée.

Chaque observation est représentée par sa distance perpendiculaire et la taille du groupe. Le logiciel utilise les données de distance perpendiculaire pour calculer $\hat{f}(0)$ et sa variance. La taille de groupe est utilisée pour calculer $\hat{E}(s)$ et sa variance. Les autres informations telles que les longueurs des transects et la superficie du site d'étude sont utilisées dans les étapes suivantes pour calculer la densité.

Le logiciel "DISTANCE 4.1.2" (Thomas *et al.* 2003) a été utilisé pour les estimations des paramètres d'abondance de la population. Selon les possibilités offertes par ce logiciel DISTANCE 4.1.2, il n'a été retenu que les valeurs de densités générées par le modèle qui expliquait le mieux les observations de terrain. Le choix du modèle était basé sur les critères de : (i) *AIC* (Critère d'Information de Akaike) *plus faible*, (ii) *observation visuelle de la courbe de la fonction de détection bonne* et (iii) *Test du χ^2 non significatif.*

CHAPITRE II : MATERIEL ET METHODES

1. MATERIEL

Le matériel utilisé par les équipes de terrain comprenait des GPS Garmin12 XL pour la navigation et la mesure des longueurs de marches sur transect, des boussoles pour les mesures des angles d'observation, des paires de jumelles pour préciser les observations, des télémètres pour les mesures des distances radiales, des cartes de terrain, des fiches de collecte des données et une arme (un fusil) portée par le pisteur de l'équipe pour le besoin de sécurité.

Au cours des inventaires de déjections animales, les distances perpendiculaires ont été mesurées à l'aide d'un mètre ruban de 50 mètres.

A cette liste, il convient aussi d'ajouter les moyens de déplacement qui concernaient deux motos pour les transects non éloignés du campement et un véhicule pick-up pour les transects qui étaient très éloignés du campement.

2. METHODES

2.1. EFFECTIF DE LA POPULATION DES ELEPHANTS DANS LE RANCH DE GIBIER DE NAZINGA

Le protocole de collecte des données qui a été utilisé pour estimer l'effectif de la population des éléphants en 2007 utilise la méthode des transects linéaires à largeurs variables (ou Line transects) (Burnham *et al.* 1980 ; Buckland *et al.* ; 1993 ; 2001 ; Thomas *et al.*, 2010).

2.1.1. DISPOSITIF EXPERIMENTAL

A Nazinga, les recensements généraux de la faune sur transect linéaire, sont réalisés selon un dispositif expérimental mis en place en 1981 puis révisé par O'Donoghue en 1985. Aujourd'hui, ce protocole concerne 34 transects équidistants de 1,4 Km. Ils sont orientés sud-nord et disposés de façon systématique sur toute l'aire du ranch à partir d'un début aléatoire. Un zonage réalisé sur la base du réseau de pistes permet de considérer sept unités d'inventaires comportant 79 portions de transects (figure 8). Sur le terrain, les entrées et sorties des transects sont matérialisées par des plaques portant les numéros du transect correspondant et fixées à hauteur d'yeux dans un arbre.

L'inventaire de 2007 a été effectué entre le 7 et le 13 Février en pleine saison sèche. La collecte des données de terrain commence le jour suivant celui de la session de formation et recyclage des chefs d'équipe et dure sept jours avec des séances de débriefing et de mise en commun les après midi. Les transects sont parcourus par 12 équipes de trois personnes. Chaque équipe se compose d'un forestier (chef d'équipe) et de deux observateurs (un ressortissant des villages riverains et un pisteur).

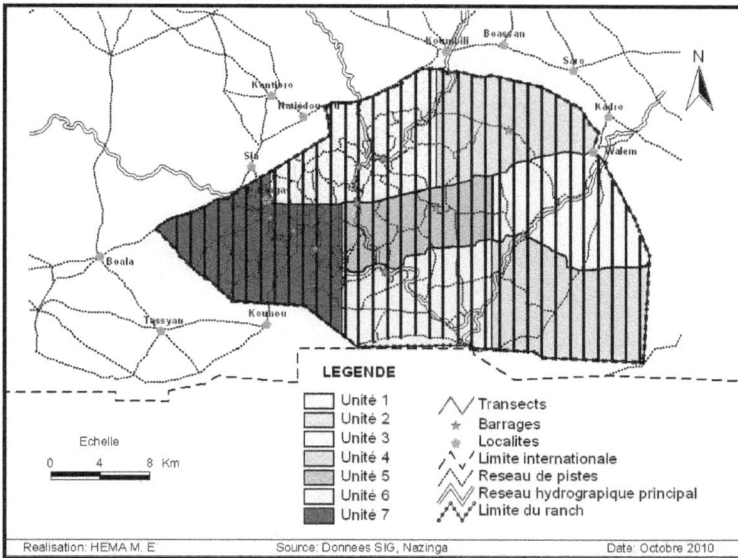

Figure 8 : Carte du dispositif d'inventaire pédestre de la faune à Nazinga

2.1.2. COLLECTE DES DONNEES

L'unité d'observation animale sur transect était soit le groupe ou l'individu animal vu. En plus des informations de DISTANCE relatives à chaque observation, les équipes de terrain ont noté l'espèce animale, le sexe et l'âge des individus observés, l'activité du groupe ou individu animal, les activités illégales et les types d'habitats.

La marche commence très tôt le matin dès que la lumière du jour permet de distinguer les objets avec précision.

2.1.3. ANALYSE ET TRAITEMENT DES DONNEES

2.1.3.1. ESTIMATION DES EFFECTIFS D'ELEPHANTS DE 2007

Les données brutes collectées ont été d'abord synthétisées et saisies dans le tableur Excel. Ceci a permis un rapide traitement des données par la construction des tableaux croisés dynamiques pour apprécier les nombres de contacts et nombre d'individus de chaque espèce et autres types d'observations. Ce procédé permet également de calculer les angles de vus (α) sachant les azimuts d'observations et les azimuts de marche des transects.

Le logiciel DISTANCE 4.1.2. (Thomas *et al*. 2003) a été utilisé pour les calculs des estimations des paramètres des effectifs des populations. Le modèle Uniform/cosine a donné les meilleures convenances aux données.

Nous examinons la courbe de visibilité des groupes d'éléphants au cours de l'inventaire. Une telle courbe est particulièrement importante parce qu'elle permet de juger si les principes de la méthode du transect linéaire sont respectés.

2.1.3.2. TENDANCES DE LA POPULATION DES ELEPHANTS DE NAZINGA

Les tailles des groupes d'éléphants changent souvent d'une saison à l'autre et d'une année à l'autre. Si la méthode doit être basée sur les observations directes, alors il est très important de connaître les tendances des tailles des groupes. Par exemple, les tailles médianes des groupes observés en 2007 diffèrent-elles des tailles médianes des groupes observés au cours des autres inventaires ? Nous présentons les histogrammes des valeurs médianes des tailles des groupes observés au cours des inventaires pédestres directes réalisés à Nazinga de 2003 à 2008 afin de montrer comment la distribution des groupes à changé au fil des ans. Nous utilisons les valeurs médianes des tailles de groupes parce que les tailles de groupes n'ont pas une distribution normale.

Pour montrer l'évolution de la population d'éléphants à Nazinga, nous utilisons les résultats des inventaires d'éléphants réalisés de 1980 à 2008. Pour ce faire, nous avons construit des courbes présentant les estimations selon les principales méthodes d'inventaires (méthode des déjections, méthode directe, méthode aérienne) appliquées à Nazinga. Il y avait deux inventaires dont les dates d'exécutions précises ne figuraient pas dans les publications. Pour ceux-ci, nous avons supposé que les dates d'inventaires étaient deux ans avant les dates de publication (du moment où cela prend en moyenne deux ans pour calculer les résultats et avoir l'article publié).

2.2. VARIATIONS ANNUELLES DES EFFECTIFS DES ELEPHANTS DANS LE RANCH DE NAZINGA

Au cours de notre étude, nous avons conduit trois comptages de déjections le long des transects à Nazinga : le premier a été conduit entre le 1er novembre et le 12 décembre 2006, le second entre le 1er Avril et le 6 mai 2007 puis le troisième entre le 5 avril et le 3 mai 2008.

Nous utilisons les résultats des inventaires de 2007 et de 2008 qui ont été conduits à un même point de l'année, pour apprécier les abondances et variations des effectifs d'éléphants au cours de l'étude. En cela, nous testons les fluctuations observées entre les couples de densités de déjections des transects au moyen d'une série d'analyses statistiques.

2.2.1. ECHANTILLONNAGE ET COLLECTE DES DONNEES

2.2.1.1. CARTOGRAPHIE ET CONCEPTION DU PLAN D'ECHANTILLONNAGE

Nous avons utilisé la base de données SIG du ranch pour produire les cartes à l'aide du logiciel ArcView 3.2. De même, les estimations de superficie ont été faites à l'aide de ce logiciel.

Du fait de l'intérêt de l'étude pour la distribution des objets d'observation (déjections ; arbres et arbustes), nous avons utilisé le modèle de la distribution systématique des transects à partir d'un début aléatoire (Norton-Griffiths, 1978 ; Buckland *et al.*, 2001).

Après avoir subdivisé l'aire d'étude en des grilles de forme carrée ayant 2 km de côté, 54 transects ont été disposés à des intervalles réguliers de 4 km (c'est-à-dire dans toutes les 2ième cellules) à partir d'un début aléatoire de sorte à couvrir tout le site. Les transects passent par le centre de chaque grille sélectionnée. Chaque transect mesure 1 km de long et est orienté nord-sud ou est-ouest (Figure 9) de sorte à couper la ligne de drainage du cours d'eau le plus proche (Jachmann et Bell, 1984).

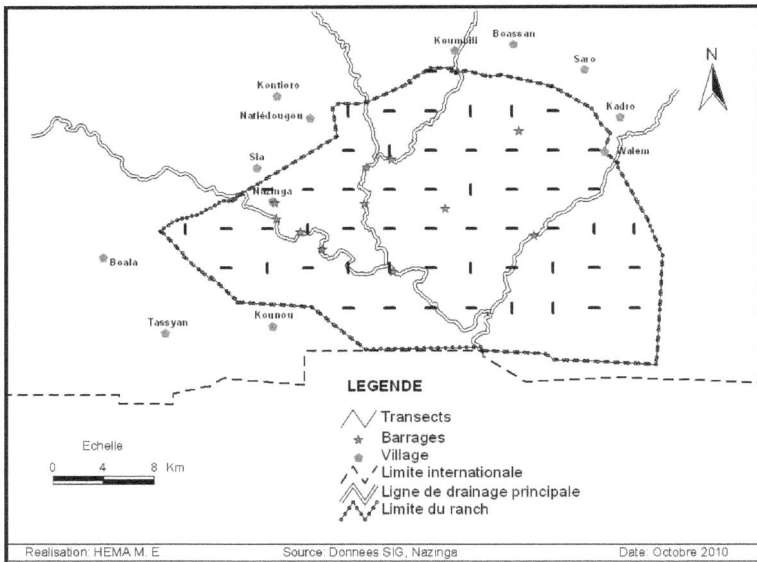

Figure 9 : Carte de distribution des transects d'inventaire des déjections animales

2.2.1.2. STRATEGIES DE COLLECTE DES DONNEES DE DEJECTIONS

Nous avons appliqué la méthode de comptage des déjections sur transect en ligne à largeurs variables (Burnham *et al.*, 1980 ; Barnes, 1993 ; Buckland *et al.*, 1993 ; 2001 ; Barnes et Jensen, 1987). La fluidité de la marche dans cet habitat de savane nous a permis de nous passer des services d'un manœuvre munit de machette pour ouvrir les transects. Notre équipe d'inventaire de déjections concernait trois recenseurs qui marchaient dans l'ordre suivant : (i) un navigateur de boussole qui assurait la marche du groupe en ligne strictement droite sur l'azimut du transect. Ce rôle était joué par un agent forestier en arme pour les besoins de sécurité ; (ii) Un observateur principal qui assurait aussi les prises de notes. L'étudiant chercheur a joué ce rôle, mais les observations faites par les autres membres de l'équipe lorsqu'ils étaient sur le transect ont aussi été prises en compte ; (iii) un technicien de recherche qui se déplaçait jusqu'à la déjection observée pour permettre les mesures des distances perpendiculaires. Pour chaque déjection observée, la distance perpendiculaire par rapport à la ligne du transect était mesurée à partir du centre de la ligne du transect jusqu'à la crotte la plus proche de la déjection et ensuite jusqu'à la crotte la plus éloignée. Puis, la moyenne de ces deux mesures a

48

constitué la mesure officielle de la distance perpendiculaire. Le long des transects, les recenseurs notaient en plus des informations de DISTANCE requises, l'espèce animale qui a produit la déjection, les espèces végétales rencontrées, les indices des activités illégales et les longueurs des portions de transect non brûlées qui sont d'importantes variables écologiques qui influencent la distribution des animaux ou la visibilité des déjections.

2.2.2. TRAITEMENT ET ANALYSE DES DONNEES

2.2.2.1. ESTIMATIONS DES EFFECTIFS DES DEJECTIONS

Pour chaque année, la densité moyenne des déjections a été estimée à partir de l'équation (Burnham *et al.*, 1980) :

$$\hat{E} = \frac{n\hat{f}(0)}{2L}$$

où $\hat{E}$ est l'estimateur de la densité de déjections dans le ranch, n est le nombre de déjections enregistrées sur les transects ; L la longueur totale des transects. $\hat{f}(0)$ est l'inverse de la demie-largeur effective de la bande estimée en utilisant DISTANCE 4.1.2. Pour les deux groupes de données de transect de 2007 et 2008, le modèle *Half-normal/cosinus* a donné les meilleures convenances. Pour 2008 le *Test du χ^2 était significatif* (p=0,000) pour chacun des modèles testés ; le modèle *Half-normal/cosinus* a été retenu parce qu'il présentait la meilleure valeur de *AIC* et la meilleure courbe de la fonction de détection.

2.2.2.2. COMPARAISON DES COURBES DE VISIBILITE DES OBSERVATEURS

Avant toute analyse de la variation des densités entre inventaire, il convient toujours de vérifier si les résultats sont comparables. Il est juste de comparer des résultats d'inventaire si et seulement si ceux-ci sont exécutés dans les mêmes conditions d'effort et de temps. Par exemple, il est possible que l'équipe soit devenue plus efficace en 2008. En effet, une équipe devenue plus talentueuse et plus expérimentée au fil des ans pourrait être en mesure de voir plus de déjections en une année donnée par rapport à l'année précédente. Les biais liés à l'observateur sont un problème dans tout type d'inventaire de la faune. Pour tester les sources de biais liés aux observateurs des deux inventaires, nous appliquons le test de différence entre deux échantillons de Kolmogorov-Smirnov (Sokal et Rohlf, 1981 ; Zar, 1999) afin de comparer les profiles de visibilités des observateurs de chaque année. Pour cela, nous construisons un histogramme de fréquence de distribution des distances perpendiculaires. L'histogramme nous permet d'abord une comparaison visuelle. Ensuite, nous comparons ces distances par le test de deux échantillons de Kolmogorov-Smirnov. Si nous ne trouvons aucune différence alors nous pouvons conclure qu'il n'y avait aucune évidence de biais liés aux observateurs.

2.2.2.3. COMPARAISON DES DENSITES DE DEJECTIONS

Nous commençons d'abord par observer les distributions de déjections. Ensuite, nous appliquons la transformation logarithmique de la forme $Y' = \mathrm{Ln}(1 + Y)$ pour améliorer les normalités des distributions afin de permettre les tests statistiques (Héma, 2004). Si les distributions des valeurs des densités de déjections ainsi transformées sont normales, alors nous appliquons le test paramétrique (test-t de différence entre les paires de données) pour comparer les paires de données de transects (Zar, 1999). Si au contraire ces distributions sont non-normales, alors nous utilisons le test non paramétrique de Wilcoxon (*Wilcoxon paired Signed-Rank test*) (Zar, 1999), pour la comparaison des données.

Nous admettons que le taux de croissance calculé en 2007 exprime l'accumulation des déjections au cours de la saison sèche 2006-2007 et que le taux de croissance calculé pour 2008 est l'expression de l'augmentation de la population de déjections de 2007 à 2008.

2.2.3. JUSTIFICATION DU CHOIX DE LA METHODE

Norton-Griffiths (1978) a fait la remarque majeure qu'une estimation de nombre d'animaux doit être aussi bien exacte (proche du nombre réel) que précise (limite de confiance étroite). Les comptages directs ne satisfont aucune de ces conditions. La méthode des déjections suppose qu'en tout instant t donné, la distribution et l'abondance des déjections d'éléphants en un lieu est un indice de la distribution et de l'abondance des éléphants de ce lieu (Neff, 1968 ; Jachmann et Bell, 1979 ; 1984 ; Short, 1983 ; Merz, 1986 ; Barnes et Jensen, 1987 ; Koster et Hart, 1988 ; Barnes, 1993 ; Barnes, 1996). Le comptage indirect des déjections d'éléphants fournie non seulement des estimations qui sont probablement tout autant exactes que les estimations de la méthode de comptage direct mais en plus des estimations avec une plus grande précision (Jachmann, 1991 ; Barnes, 2002).

2.2.4. JUSTIFICATION DU CHOIX DU DISPOSITIF EXPERIMENTAL

Traditionnellement, l'on utilisait la méthode des transects en bande dans les savanes africaines (Lamprey, 1963 ; 1964). Cette méthode suppose que tous les animaux dans la bande échantillon sont observés et comptés. Elle ne tient pas compte du fait que la probabilité de détection d'un animal décroît lorsque la distance perpendiculaire entre l'animal et le transect augmente. Cependant la visibilité varie suivant l'espèce animale et le type de végétation. De plus, l'on démontre difficilement que tous les animaux dans la bande ont pu être observés et comptés.

Le problème majeur avec la méthode des transects en bande réside dans le fait que plus ils sont larges, moins il y a la chance d'observer les objets qui sont éloignés. Si l'on réduit la largeur de la bande, alors, il est probable que l'on observe tous les objets dans le transect. Mais dans ce cas aussi, le nombre d'objets observés sera réduit. La précision (l'intervalle de confiance) d'une estimation est inversement proportionnelle au nombre d'objets comptés (Buckland *et al.*, 1993). Ainsi, les transects étroits donnent des estimations peu onéreuses.

Avec la notion de probabilité de détection par rapport à la ligne de marche, la méthode des transects en ligne à largeur indéterminée (Buckland *et al.*, 1993 ; 2001) permet une stratification plus objective suivant la visibilité. La largeur du transect n'est pas fixée à l'avance. Ce sont les données qui déterminent la largeur de la bande ($\hat{f}(0)$). Cela donne des estimations plus efficientes, particulièrement quand les objets sont épars ou dans les conditions d'une végétation dense. La méthode des transects en ligne est plus susceptible de fournir des estimations de densités de déjections exactes et précises quand les déjections ont une distribution éparse (Buckland *et al.*, 1993). C'est la méthode la plus appropriée pour être utilisée dans les habitats où la visibilité est médiocre (Barnes et Jensen, 1987 ; Barnes, 1993). Le profile de visibilité des déjections varie d'une espèce animale à l'autre et la méthode des transects linéaires permet de calculer une courbe de détection pour chaque espèce dans les cas où l'on est amené à collecter plusieurs espèces sur un même transect. De plus, les théories mathématiques qui la sous-tendent sont maintenant bien développées (Buckland *et al.*, 1993, 2001 ; Thomas *et al.*, 2010).

Nos expériences au Parc National de Molé au Ghana et des Deux Balé au Burkina Faso nous enseignent que la méthode de mesure des déjections sur transect linéaire dans des habitats de savanes ouest-africaines requiert un minimum de 50 transects de 1 km pour assurer un minimum de biais dans les estimations. Du reste, Norton-Griffiths (1978) rapporte que plusieurs petits transects produisent des résultats plus exacts et précis que peu de longs transects.

Les statisticiens académiciens recommandent une distribution aléatoire des transects. Cependant, de cette approche, il résulte souvent qu'une large partie de la zone d'étude soit non échantillonnée. Le modèle de distribution systématique des transects à partir d'un début aléatoire permet d'échantillonner toute l'aire d'étude. Selon Thomas *et al.* (2010), il réduit l'autocorrélation entre transects en produisant des estimations plus précises. Il est recommandé pour les inventaires de faune (Caughley, 1977) surtout quand on s'intéresse à la distribution des espèces recensées (Norton-Griffiths, 1978). Par ailleurs, la plupart des méthodes statistiques sont suffisamment robustes pour tenir vis-à-vis des violations mineures des hypothèses statistiques (Caughley, 1977). La disposition perpendiculaire des transects par rapport aux cours majeurs des rivières tient compte du paysage et permet d'intégrer les variations locales de structure des populations (Jachmann et Bell, 1984). Elle tient aussi compte du degré d'hétérogénéité de densité lié à l'habitat pour les animaux concernés (Haltenorth et Diller, 1985 ; Estes, 1991).

2.2.5. JUSTIFICATION DU CHOIX DES PERIODES D'INVENTAIRE

Les moyens financiers alloués à notre étude nous permettaient d'exécuter trois inventaires dont une en saison pluvieuse et deux en saison sèche. Il pleuvait toujours à Nazinga en Octobre 2006. Les activités de terrain ont démarré avec le premier inventaire qui débute le 1er Novembre 2006. Le premier inventaire a donc été conduit juste après le dernier mois de pluie effective de la saison pluvieuse de 2006. En fonction de l'intensité des pluies, les échantillons de cet inventaire représentaient les distributions des éléphants durant les trois ou quatre semaines qui l'on précédé (Barnes et Jensen, 1987 ; Barnes, 1993). Aussi, cet inventaire nous permettait-il d'apprécier la situation globale de la fin de saison pluvieuse 2006. A la fin de la saison pluvieuse, la densité de déjection est faible parce que le taux de dégradation est élevé. En saison sèche, le taux de dégradation des déjections animales est faible ou peut être nulle. Pendant ce temps, les animaux continuent de produire les déjections. Il y a alors une accumulation graduelle des déjections pendant la saison sèche (Jachmann et Bell, 1984). Ainsi, pendant que le sol s'assèche, les déjections s'accumulent et leur densité croît au fur et à mesure que la saison sèche progresse. Au cours des mois suivants, en supposant que le nombre des animaux reste constant (aucune migration entrante ou sortante, et les naissances égales aux mortalités) les déjections s'accumulent constamment. Avec les pluies, la vitesse de dégradation des crottes s'accélère et la densité de déjection diminue. En clair, l'abondance moyenne des déjections dépendra de la date à laquelle l'inventaire a été conduit. Si l'on voudra comparer les populations d'une année avec l'estimation de l'année suivante, l'inventaire devrait être fait à un même point de saison sèche. Nous avons choisi les fins de saisons sèches pour être sûre que nous traitons avec le nombre maximum de déjections de l'année.

2.3. DISTRIBUTIONS SAISONNIERES ET INFLUENCES DE L'EAU ET DE L'HOMME SUR LES DISTRIBUTIONS DES ELEPHANTS DANS LE RANCH DE GIBIER DE NAZINGA

2.3.1. ECHANTILLONNAGE ET COLLECTE DES DONNEES

Cette étude utilise les abondances des déjections mesurées le long des transects qui ont été décrits dans le chapitre précédant. Nous utilisons la base de données SIG du ranch et le logiciel ArcView 3.2 pour préparer les cartes et estimer les distances des centres de transects par rapport à la source d'eau permanente la plus proche (X_w), au village le plus proche (X_v), au campement touristique (X_c) et au poste de garde forestier le plus proche (X_g).

Les données de pluviométrie ont été collectées à la station météorologique de Pô, à environ 15 km du ranch. Les données de population humaine pour 2006 ont été collectées à la préfecture de Bieha pour les villages de Boala, Tassyan et Kounou, puis au poste de santé de Sia pour les autres villages. Toutes les données de population antérieures à 2006 ont été collectées à la bibliothèque de l'Institut National de la Statistique et de la Démographie à Ouagadougou.

2.3.2. ANALYSE ET TRAITEMENT DES DONNEES

A l'intérieur de chaque saison, nous avons estimé que la visibilité, et partant, la largeur effective de la bande était constante sur l'étendue de l'aire d'étude. Alors, nous avons considéré que le nombre de déjections observées sur chaque transect était une mesure de l'occupation des éléphants.

Pour chaque année, la densité moyenne de déjections sur transect a été estimée à partir de l'équation (Burnham *et al.*, 1980) :

$$\hat{E}_j = \frac{n_j \hat{f}(0)}{2L_j}$$

où $\hat{E}_j$ est l'estimation de la densité de déjection du jème transect, n_j est le nombre de déjections enregistrées sur le jème transect ; L_j la longueur de ce transect.

2.3.2.1. CARTOGRAPHIE DES ZONES DE CONCENTRATION SAISONNIERE DES ELEPHANTS AU RGN

Nous avons utilisé le logiciel ArcView 3.2 pour spatialiser les densités moyennes de déjections par transect pour chaque saison. Aussi, ce logiciel a-t-il été utilisé pour déterminer les zones de concentration des éléphants pour chacune de ces saisons. Une zone de concentration d'éléphants était définie comme étant l'endroit où la densité de déjections d'éléphants était supérieure à la densité moyenne estimée pour l'ensemble du ranch.

2.3.2.2. LES MODES DE DISPERSIONS SPATIALES SAISONNIERES

La fréquence de distribution des déjections entre les saisons a été comparée par le test de deux échantillons de Kolmogorov-Smirnov (Sokal et Rohlf, 1981 ; Zar, 1999). L'indice de dispersion standardisé de Morisita (I_p) (Zar, 1999) a été utilisé comme une mesure de mode de dispersion spatiale. I_p s'étend de -1,0 à +1,0. Les modes de dispersions aléatoires (distribution de Poisson) donnent un I_p égal à zéro, tandis que les modes de distributions uniformes ont un I_p inférieur à zéro et les modes de distributions groupées un I_p supérieur à zéro. Les valeurs de I_p qui sont inférieures à -0,5 et celles qui sont supérieures à +0,5 sont significativement différentes des modes de distributions aléatoires (Krebs 1989 ; 1999).

2.3.2.3. INFLUENCES DE L'EAU ET DE L'HOMME SUR LES DISTRIBUTIONS SAISONNIERES

A l'aide du logiciel statistique JMP IN (Sall *et al.*, 2001), nous avons commencé par examiner les graphes uni-variés, c'est-à-dire les types de relations simples qui existent entre la distribution des déjections et les variables indépendantes d'intérêt. Puis, en utilisant la méthode des moindres carrées ordinaires (OLS), nous avons construit des modèles de régressions multiples pour expliquer la distribution des déjections d'éléphants pour chaque saison. Pour toutes ces analyses, la variable dépendante était la mesure de l'abondance des déjections $Ln(1+Y)$, c'est à dire la transformation logarithmique du nombre de déjections (Y) recensées sur chaque transect. C'était alors une mesure de l'utilisation ou l'occupation des éléphants, de la zone inventoriée par chaque transect. Nous avons ajusté des modèles de régressions multiples dans la perspective d'expliquer la distribution des déjections d'éléphants pour chaque saison. Dans chaque cas, nous avons ajusté les deux variables d'intérêt, la distance par rapport au point d'eau le plus proche (X_w) et la distance du plus proche village (X_v et X_v^2). A ce modèle, nous avons ensuite accommodé les covariants pour ajuster les effets des activités illégales (distance au poste de garde le plus proche, X_g) ou des activités touristiques (distance campement touristique, X_c). Nous avons estimé que les éléphants utilisent la zone de

60

conservation intégrale plus fréquemment que les zones perturbées par les coups de feu des chasseurs légaux. Alors, un covariant dichotomique (X_{cons}) a été ajusté pour pendre en compte la zone de forte prédilection des éléphants.

Les graphes uni-variés indiquaient une relation quadratique entre la distribution d'éléphants et la distance par rapport au village. Nous avons évalué le terme quadratique ($X_v + X_v^2$) par le *multiple partial F-test* (Neter *et al.*, 1990).

Dans ce type d'analyse, les écologistes supposent que les échantillons sont indépendants les uns des autres. Cependant, nos mesures de l'occupation des éléphants étaient spatialement autocorrélées. Ignorer l'autocorrélation spatiale pourrait résulter en des estimations d'associations incorrectes et des erreurs de Type 1 (Keitt *et al.*, 2002 ; Kissling et Carl, 2008). Nous avons alors examiné des modèles qui prennent en compte l'autocorrélation spatiale.

Ainsi, nous avons appliqué les modèles autorégressifs simultanés (SAR) et autorégressifs conditionnels (CAR) qui tiennent compte de l'autocorrélation spatiale aussi bien pour la variable réponse que pour les variables indépendantes (Keitt *et al.*, 2002 ;

Fortin et Dale, 2005) en utilisant le logiciel SAM, *Spatial Analysis in Macroecology* (Rangel *et al.*, 2006).

Nous avons testé l'auto-corrélation spatiale en utilisant SAS 9.2 (SAS Institute, Cary, Indiana, USA) selon la méthode décrite par UCLA-ATS (2010).

2.3.2.4. JUSTIFICATION DU CHOIX DES METHODES D'ANALYSES

Il nous semble que pour la présentation de la situation de terrain, il n'existe pas d'approche plus expressive et précise que la cartographie au moyen des outils SIG. L'adaptation de modèles statistiques rigoureux à nos données de terrain répond à notre souci de quantification des interactions qui existent entre les éléphants et leur environnement. Ceci tient compte du fait que certains phénomènes discrets de terrains ne sont réellement perceptibles que lorsqu'ils sont mis à nu sous forme de modèles mathématiques. Par exemple, les fluctuations des pentes des courbes des modèles de distributions d'une année à l'autre traduisent plus clairement les changements entre années. De plus, ces modèles offrent la possibilité de prédire l'abondance des éléphants et l'intensité de leurs dégâts sur la végétation dans les autres parties du site d'étude que nous n'avons pas pu échantillonner. Les modèles sont des sources d'informations considérables dans l'aménagement (Walsh *et al.*, 2000). Ils peuvent servir à préparer des cartes de distributions plus utiles en utilisant un Système d'Information Géographique (Michelmore *et al.*, 1994 ; Barnes *et al.*, 1997). Une bonne maîtrise des changements de distributions des animaux est tout autant important que connaître les changements des effectifs. Ceci, parce que les changements de distributions peuvent être les premières alertes que des changements écologiques (par exemple une augmentation du braconnage) sont entrain de s'opérer. De nos jours, la modélisation est beaucoup utilisée dans les laboratoires de recherches. Depuis notre DEA, nous nous initions à cette approche d'analyse. Nous espérons approfondir nos connaissances en la matière et voudrons être utiles à nos jeunes collègues dans leurs domaines de recherches.

2.4. IMPACT DES ELEPHANTS SUR LA VEGETATION LIGNEUSE DU RANCH DE GIBIER DE NAZINGA

2.4.1. ECHANTILLONNAGE ET COLLECTE DES DONNEES

L'inventaire de la végétation a été conduit simultanément avec l'inventaire des déjections d'éléphants de fin de saison sèche de 2008, réalisé entre le 5 Avril et le 3 Mai. Au cours de cet inventaire, nous avons compté systématiquement les arbres et arbustes dans trois quadrats placés sur chaque transect de collecte des données de déjections, tels que décrits dans le chapitre 3. Sur le transect, les quadrats ont été centrés à 12,5 ; 500 et 987,5 mètres du point de départ du transect. Chaque quadrat mesurait 25 mètres de côtés. Chaque arbre ou arbuste à l'intérieur du quadrat a été compté. Un arbre ou arbuste était considéré comme endommagé si et seulement s'il était mort, terrassé (déterré), cassé à la base, ou sévèrement blessé par l'action des éléphants de manière à assurer sa mort prochaine.

Nous avons mesuré la longueur des portions de transect brulées en utilisant le GPS.

2.4.2. TRAITEMENT ET ANALYSE DES DONNEES

2.4.2.1. IDENTIFICATION DES ESPECES VEGETALES ET ESTIMATION DES DENSITES

Pour ces analyses, nous avons sélectionné les espèces ligneuses qui étaient les plus endommagées par les éléphants en 2008 et qui étaient à la fois recensées sur un nombre minimum de 20 transects. Pour chaque espèce, nous avons calculé la densité initiale des arbres (N) comme étant la densité des arbres vivants, mesurée pendant l'inventaire plus la densité des arbres morts.

Pour chaque transect, la densité moyenne de déjections d'éléphants (E_j) était estimée à partir de l'équation de Burnham *et al.* (1980).

2.4.2.2. LE MODE DE BROUTAGE DE LA VEGETATION PAR LES ELEPHANTS

En théorie, l'inventaire des déjections montre les variations des effectifs des éléphants ; l'inventaire de la végétation décrit l'impact des éléphants sur la population des arbres ; la densité de déjections étant mesurée et notre inventaire de la végétation ayant intégré les densités de déjections, nous quantifions les interactions entre les éléphants et les arbres et arbustes. Nous pouvons alors modeler les populations d'arbres en fonction des densités de déjections.

Nous appliquons des modélisations simples pour permettre de prédire les tendances des populations des arbres et arbustes, si nous admettons certaines hypothèses en relation à la croissance et réduction des effectifs des éléphants. Nous admettons que les éléphants se comportent en fonction des variations spatiales de densité d'arbres, tel qu'ils le feront vis-à-vis des variations temporelles. C'est-à-dire que si la densité des arbres décroît au fil des ans, alors le comportement des éléphants sera similaire à ce que nous observons sur le site au moment de notre étude. Pour chaque espèce consommée par les éléphants, la mortalité varie avec le nombre initial d'arbres (Barnes, 1983). En effet, nous admettons que le nombre d'arbres morts est fonction du nombre d'arbres vivants et du nombre d'éléphants.

Pour chaque espèce, la variable réponse était le logarithme, $Ln(1+Y)$, du nombre d'individus endommagés, Y. Les variables prédicatrices étaient le nombre initial d'arbres N et la densité de déjections d'éléphants E, tous exprimés en logarithme. Le modèle de base était alors :

$$Ln(Y+1) = a + b.Ln(N+1) + c.Ln(E+1) \qquad \text{Equation 1}$$

où a était l'intercepte, b et c respectivement les coefficients de régression pour la densité initiale d'arbres et la densité de déjections.

Le feu joue un rôle important dans la mortalité des arbres (Laws *et al.*, 1975; Dublin *et al.*, 1990 ; Yaméogo, 1999 ; 2005). Il débarrasse les arbres morts. Nous avons testé l'effet du feu en ajoutant la mesure du brûlis (longueur de transect qui avait été brulée) au modèle. Si le brûlis contribuait significativement à expliquer la variance de $Ln(1+Y)$ alors il était retenu dans le modèle ; autrement, il était rejeté.

2.4.2.3. MODELISATION ET DECLIN DES ARBRES SOUS LA PRESSION DE BROUTAGE DES ELEPHANTS

Les modèles de régressions ont estimé le nombre d'arbres endommagés en fonction de la densité initiale des arbres et de l'abondance des éléphants (exprimée en densité de déjections) à travers la zone d'étude à un moment donné dans le temps. Ici, nous faisons en plus l'hypothèse que cette relation transversale (horizontale) entre arbres endommagés et les deux variables prédicatrices s'appliquera verticalement, dans le temps. C'est-à-dire qu'au fur et à mesure que la densité des arbres ou la densité des éléphants varie d'une année à l'autre, les modèles vont prédire les changements de nombre d'arbres endommagés au cours des années successives. Cette hypothèse nous permet alors de prédire le taux de déclin du nombre de la cohorte d'arbres de chaque espèce énumérée le long des transects.

Pour chaque espèce, un simple programme informatique a commencé avec la densité initiale des arbres puis a calculé ensuite le nombre d'arbres endommagés, Y', pour une unité de temps en utilisant l'équation de régression pour cette espèce :

$$Ln(Y'+1) = a + b.Ln(N+1) + c.Ln(E+1) + z \qquad \text{Equation 2}$$

où z était un *random normal deviate*. Il s'agit d'un nombre aléatoire dérivé d'une distribution normale qui a une moyenne égale à zéro et une variance égale à celle des résiduels de l'équation 1. Il s'agit là d'un modèle stochastique du fait de la variation aléatoire (z) qui a été ajoutée à la valeur de Y'.

L'on suppose que tous les arbres endommagés meurent au cours d'une unité de temps. A la fin de l'unité de temps, le nombre d'arbres restants (N_t) sera alors $N_t = N - Y'$. Ce nombre d'arbres vivants entre alors dans la prochaine unité de temps. Le programme a parcouru 5 étapes d'unités de temps. L'unité de temps pourrait représenter entre 2 et 5 ans selon le temps moyen pendant lequel un arbre endommagé reste visible. Ceci va varier d'une espèce à l'autre et avec la fréquence des feux.

Le programme a répété cette procédure 1000 fois, générant ainsi 1000 estimations des arbres vivants restants (N_t) après 5 étapes d'unité de temps. L'estimation finale était la médiane des

1000 estimations, tandis que les limites de confiance de 95% étaient données par les percentiles 2,5 et 97,5.

CHAPITRE III. RESULTATS

1. EFFECTIF DE LA POPULATION DES ELEPHANTS DANS LE RANCH DE GIBIER DE NAZINGA

Photo 2 : Un groupe d'éléphants males retournant dans la fourrée après un bain dans le barrage de Akwazéna (Photo, HEMA M.E., Mars-2007)

1.1. ESTIMATION DES EFFECTIFS D'ELEPHANTS DE 2007

1.1.1. PROFILE DE VISIBILITE DES OBSERVATIONS D'ELEPHANTS

Le profile de visibilité obtenu est celui présenté par la figure 10. Elle ne montre pas une parfaite distribution des observations à partir de la ligne de marche des transects. Il y avait un faible nombre d'observations d'éléphants entre 0 et 25 m par rapport aux observations effectuées entre 25 et 50 m. Les animaux ne sont donc pas observés à leurs positions initiales, tel que postuler par la méthode utilisée.

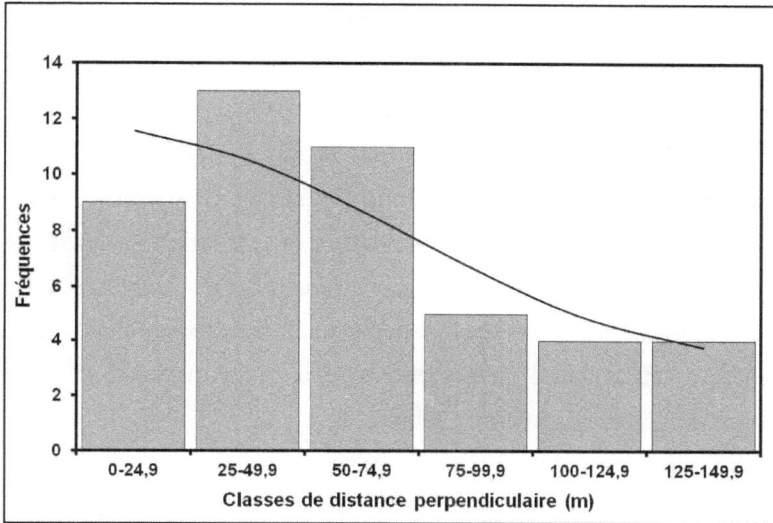

Figure 10 : Profile de visibilité des observations d'éléphants au cours de l'inventaire direct de 2007

1.1.2. ESTIMATION DES PARAMETRES D'ABONDANCE DE LA POPULATION

Le tableau 1 résume les résultats des estimations des paramètres de la population d'éléphants obtenus selon DISTANCE 4.1.2. L'estimation de la taille de la population était de 2518 (Limite de Confiance de 95% allant de 1476 à 4294). La densité de population estimée était de 2,57 éléphants/km² avec une densité de groupe de 0,35 groupe/km² et une taille moyenne de groupe estimée égale à 7,42. L'estimation de la population montre une très large limite de confiance. En particulier, le nombre de contacts était relativement faible et il y avait une forte variation entre les tailles des groupes d'éléphants observés. Ce fait ne permet pas les meilleures performances des estimations selon la méthode DISTANCE. Cette situation d'imprécision des estimations avec de larges limites de confiance du fait des biais liés à la mobilité des animaux, à la faiblesse des nombres d'observations et aux fortes variations des tailles de groupes était aussi observée chez la quasi-totalité des espèces animales recensées (Tableau 2).

Tableau 1 : Estimation des paramètres de la population des éléphants du RGN selon l'inventaire pédestre des grands mammifères diurnes de 2007.

Paramètre	Estimation
Effort (longueur totale des transects en Km)	680,20
Nombre de contacts (groupes) d'éléphants (n)	46
Effectif des observations	329
Estimateur DISTANCE	Uniform/Cosine
f(O) (exprimé en mètre)	0,010227
var[f(O)]	$1,42 \times 10^{-6}$
Largeur effective de la bande w (en mètre)	97,78
Densité d'éléphants (D) par km^2	2.57
var(D)	0,50
95% Limite de Confiance Supérieure	4,3770
95% Limite de Confiance Inférieure	1,5051
% CV	27,51
Estimation de la population d'éléphants dans le ranch	2518
95% Limite de Confiance Supérieure	4294
95% Limite de Confiance Inférieure	1476
Nombre de paramètres utilisé dans l'estimation (m)	1
x^2	2,3019
p	0,68
df	4
Etendue des groupes observés	1-27
Estimation de la densité de groupe au km^2	0,3458
Estimation de la taille moyenne des groupes (E(S))	7,4223

Tableau 2 : Estimation des paramètres des populations des mammifères diurnes recensés à Nazinga au cours de l'inventaire pédestre des grands mammifères diurnes de 2007.

Espèces	Nombre d'observation	Etendu des groupes	Estimation population [95%IC]
1. Bubale	64	1 - 20	2554 [1528 ; 4268]
2. Buffle	5	1 - 57	Non estimée
3. Céphalophe de grimm	34	1 - 2	683 [412 ; 1131]
4. Cob de Buffon	3	2 - 7	Non estimée
5. Cob Redunca	2	1 - 3	Non estimée
6. Cynocéphale	27	1 - 15	Non estimée
7. Guib harnaché	34	1 - 3	646 [337 ; 1239]
8. Hippotrague	80	1 - 34	3770 [2203 ; 6452]
9 Ourébi	32	1 - 3	617 [308 ; 1235]
10. Phacochère	63	1 - 10	4367 [2317 ; 8231]
11. Singe rouge	6	1 - 5	Non estimée
12. Singe vert	6	1 - 4	Non estimée
13. Waterbuck	39	1 - 25	2087 [1058 ; 4116]

1.2. EVOLUTION DE LA POPULATION DES ELEPHANTS A NAZINGA

1.2.1. EVOLUTION DE LA TAILLE DES GROUPES DE 2003 A 2008

La valeur médiane des tailles des groupes d'observations d'éléphants a augmenté de 1 entre 2003 et 2004 avec toutefois un plus faible nombre de contact pour 2004. Elle est restée constante entre 2006 et 2007 avec cependant une forte différence de nombre de contact pour les deux années (tableau 3 ; figure 11). Par ailleurs, il y avait une grande fluctuation des étendus de groupes et des nombres de contact (nombres d'observation de groupes) entre les différentes années (Tableau 3).

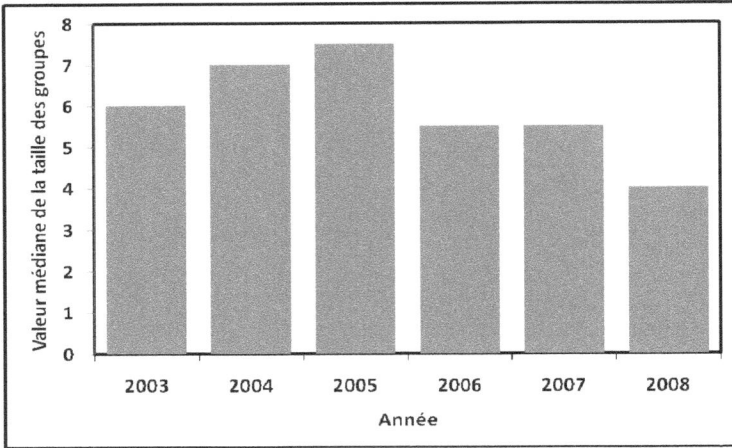

Figure 11 : Histogramme des valeurs médianes des tailles des groupes observés entre 2003 et 2008.

Tableau 3 : Observations des groupes d'éléphants au cours des inventaires pédestres de 2003 à 2008.

Année Variable	2003	2004	2005	2006	2007	2008
Nombre de contacts (groupes)	37	21	26	22	46	29
Etendue des groupes	1-23	1- 45	1- 32	1- 20	1- 27	1-18
Valeur médiane de la taille des groupes	6	7	7.5	5.5	5.5	4
Sources	Hien et al. 2003	Héma et al. 2007	Héma et al. 2007	Héma et al. 2007	Héma et al. 2008a	Héma et al. 2008b

1.2.2. EVOLUTION DES ESTIMATIONS DES EFFECTIFS DE 1980 A 2008

Le tableau 4 présente les résultats des estimations d'inventaires de la population d'éléphants réalisées à Nazinga de 1980 à 2008. Les tendances des effectifs de la population selon les catégories d'inventaires réalisés dans des conditions relativement similaires sont illustrées dans la figure 12. Il est évident à partir de cette figure, que le dénombrement total pédestre donne une sous-estimation des effectifs. Les inventaires aériens de 1982 et 1988 montrent une tendance évolutive des effectifs de la population pendant cette période. Les inventaires pédestres ont montré une baisse des effectifs de 1987 à 1992, puis une augmentation sensible entre 1992 et 2007 suivi d'une forte baisse des effectifs de 2007 à 2008. Par ailleurs, les estimations de 2008 sont assez proches des estimations de 2005.

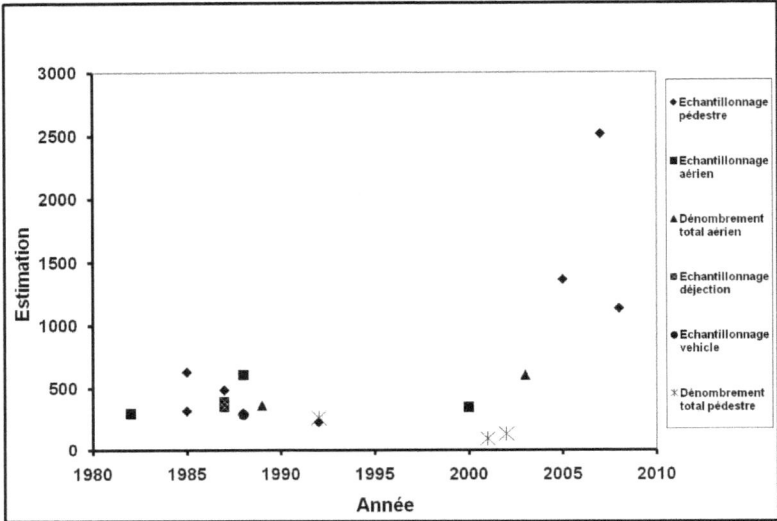

Figure 12 : Estimations de la population des éléphants à Nazinga selon les catégories d'inventaires.

Tableau 4 : Estimations des effectifs de la population des éléphants de
Nazinga de 1980 à 2008

Année	Estimation N [95% IC]	Technique d'inventaire	Zone d'étude	Source
1980	40	subjective	RGN	C.Lungren (comm. pers.)
1982	300 [0-669]	Echantillonnage aérien	RGN	Bousquet (1982) in Jachmann (1988)
1985	322 [0-725]	Echantillonnage pédestre direct	RGN	O'Donoghue (1985)
1985	630 [304-956]	Echantillonnage pédestre direct	RGN	O'Donoghue (1985)
1987	396 [323-469]	Echantillonnage de déjections	RGN	Jachmann (1988)
1987	353 [276-430]	Echantillonnage de déjections	RGN	Jachmann (1988)
1987*	420 [0-910]	Echantillonnage de déjections	RGN	Jachmann (1991)
1987	487 [210-774]	Echantillonnage pédestre direct	RGN	O'Donoghue in Jachmann (1991)
1988	610 [0-1270]	Echantillonnage aérien	RGN	Jachmann (1991)
1988	306 [0-952]	Echantillonnage pédestre direct	RGN	Jachmann (1991)
1988	293 [0-728]	Echantillonnage par véhicule	RGN	Jachmann (1991)
1989	366	Dénombrement total aérien	RGN	Jachmann (1991)
1992 (estimatif)	268	Dénombrement total pédestre	RGN	Damiba et Ables (1994)
1992	234±379	Echantillonnage	RGN	Damiba et Ables 1994

(estimatif)		pédestre direct		
Mars 2000	350±561	Echantillonnage aérien	RGN	Cornelis (2000)
Avril 2001	327	Dénombrement total pédestre	RGN et Forêt Classée de la Sissili	Ouédraogo *et al.* (2009)
Aout2001*	345			
Mars 2002	189			
Avril 2001	97	Dénombrement total pédestre	RGN	Ouédraogo *et al.* (2009)
Aout2001*	72			
Mars 2002	137			
Mai 2003	548	Dénombrement total aérien	RGN	Bouché (2007)
2005	1363 [714-2604]	Echantillonnage pédestre direct	RGN	Héma *et al.* (2007)
2007	2518 [1476-4294]	Echantillonnage pédestre direct	RGN	Présente thèse
2008	1134 [503-2553]	Echantillonnage pédestre direct	RGN	Héma *et al.* (2008b)

Légende: * désigne les estimations de saison pluvieuse. PONASI désigne l'ensemble des zone du PNKT plus Nazinga et la Forêt Classée de la Sissili. Selon les auteurs respectifs des rapports des inventaires de 2003, 2004 et 2006, les nombres des groupes d'éléphants observés pour ces années étaient très faibles pour justifier des calculs d'estimation des effectifs des populations.

2. VARIATIONS ANNUELLES DES EFFECTIFS DES ELEPHANTS DANS LE RANCH DE NAZINGA

Photo 3 : Une déjection fraîche d'éléphant observée sur transect à Nazinga (Photo, HEMA M.E., 21-12-2006)

2.1. COURBES DE VISIBILITE DES OBSERVATEURS

Les histogrammes de fréquences des distances d'observations montrent peu de différences entre les deux années (figure 13). La plupart des observations au cours des deux saisons sèches sont effectuées entre 0 et 50 m. Les nombres d'observations augmentent progressivement au fur et à mesure que l'on s'approche de la ligne de marche. Le Test des échantillons paires de Kolmogorov-Smirnov confirme la similarité des fréquences de distribution des observations des deux années (D_{max} = 0,020 ; n_1 = 2579 ; n_2 = 3819 ; NS) suggérant ainsi que les deux groupes d'observateurs de 2007 et 2008 étaient similairement efficaces.

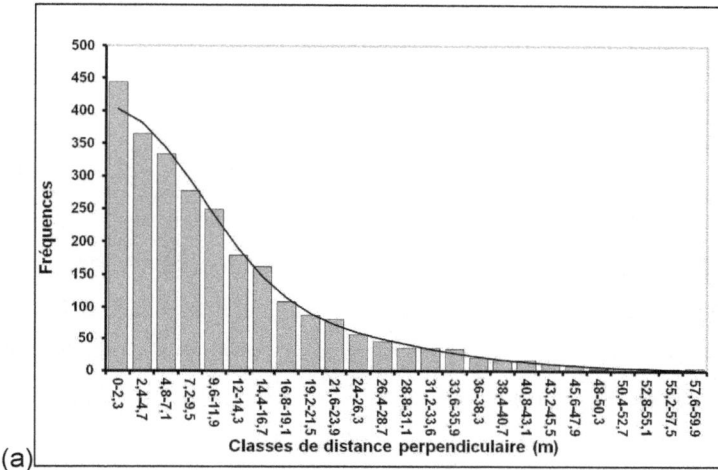

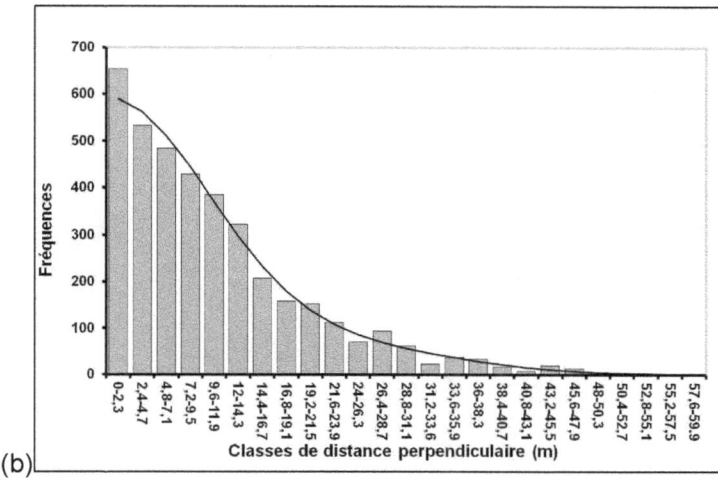

Figure 13 : Distribution de fréquence des observations de déjections et valeurs théoriques attendues d'après les modèles adoptés (courbe) pour 2007 (a) et 2008 (b).

2.2. ESTIMATIONS DES EFFECTIFS DES DEJECTIONS

Les estimations des paramètres de la population de déjections au ranch pour les deux années sont présentées dans le tableau 5. L'estimation des populations de déjections étaient de 1 828 800 (Limite de Confiance de 95% allant de 1 381 000 à 2 421 900) pour 2007 et de 2 230 400 (Limite de Confiance de 95% allant de 1537800 à 3234800) pour 2008. Les densités de déjections estimées étaient respectivement de 1864,3 et 2273,6 déjections/km^2 avec des coefficients de variation de 14% pour 2007 et 19% en 2008. Les nombres de contacts (observations) étaient suffisamment élevés, soient 2579 observations en 2007 et 3819 observations en 2008.

Tableau 5 : Estimations des densités et effectifs des populations de déjections d'éléphants du RGN au cours des saisons sèches de 2007 et 2008.

Paramètre	Année / Saison sèche 2007	Saison sèche 2008
Effort (longueur total des transects en Km)	54	54
Nombre de contact ("groupe") de déjections (n)	2579	3819
Effectif des observations	2579	3819
Estimateur DISTANCE	Half-normal/ Cosine	Half-normal/ Cosine
$f(O)$ (exprimé en mètre)	0,07881	0,06490
var[$f(O)$]	$0,33551*10^{-5}$	$0,12522*10^{-5}$
Largeur effective de la bande w (en mètre)	12,69	15,41
Densité de déjection (E) par km^2	1864,3	2273,6
var(E)	69000,78	180854,57
95% Limite de Confiance Supérieure	2468,8	3297,5
95% Limite de Confiance Inférieure	1407,7	1567,6
% CV	14	19
Estimation population de déjections dans le ranch	1828800	2230400
95% Limite de Confiance Supérieure	2421900	3234800
95% Limite de Confiance Inférieure	1381000	1537800
Nombre de paramètres utilisé dans l'estimation (m)	4	3
x^2	18,7317	67,6356
p	0,53932	0,00000
df	20	21
Estimation de la densité de groupe au km^2	1864,30	2273,6

Selon les valeurs de p associées au x^2, en 2007 il y avait une meilleure convenance du modèle choisi aux données par rapport à

2008 (Tableau 5). La différence de nombre de déjections entre les deux années était de 401 600 déjections (22%). L'effectif de la population de déjections suggérait une croissance de la population d'éléphants entre 2007 et 2008 (figure 14). L'intervalle de confiance bien que plus importante en 2008 présente par ailleurs une borne supérieure largement au dessus de celle de 2007.

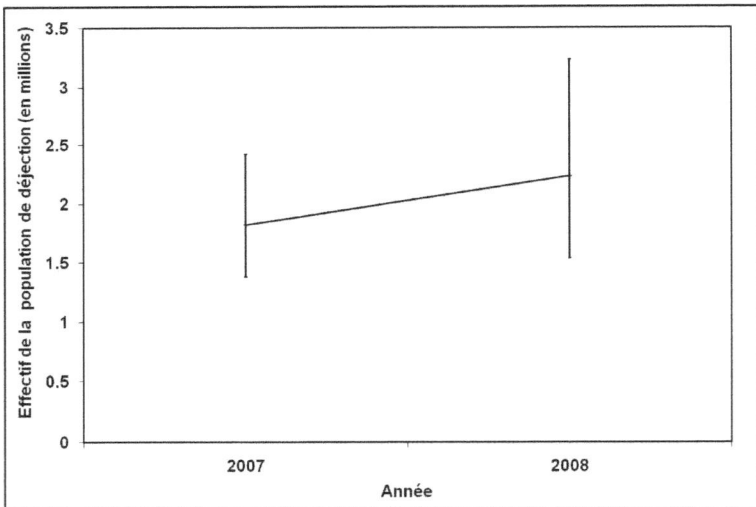

Figure 14 : Evolution de l'effectif de la population des déjections d'éléphants au RGN de 2007 à 2008.

Légende : Les barres verticales représentent les intervalles de confiance de 95%, des estimations des effectifs de déjections pour chaque année.

2.3. TENDANCES DE LA POPULATION DES DEJECTIONS

Les figures 15a1 et 15a2 montrent des distributions des densités de déjections non-normales. Nous ajustons ces données au moyen de la transformation logarithmique de la forme $X' = \text{Ln}(X+1)$. L'observation visuelle des nouvelles distributions (figure 15b1 et 15b2) et les résultats du test de normalité de D'Agastino-pearson (Tableau 6) montrent que les valeurs ainsi transformées des densités de déjections ne sont pas normales. Par conséquent, nous appliquons les tests non-paramétriques. Les résultats du test de différence entre les paires de données de transects de Wilcoxon (W) n'ont montré aucune différence significative entre les densités de déjections de 2007 et 2008 (W = -168,5 ; df = 53 ; NS).

Tableau 6 : Test de normalité de D'Agostino-Pearson, des distributions de déjections d'après la transformation Logarithmique.

Année	X^2	p	df
2007	45,052	<0,0001	2
2008	31,860	<0,0001	2

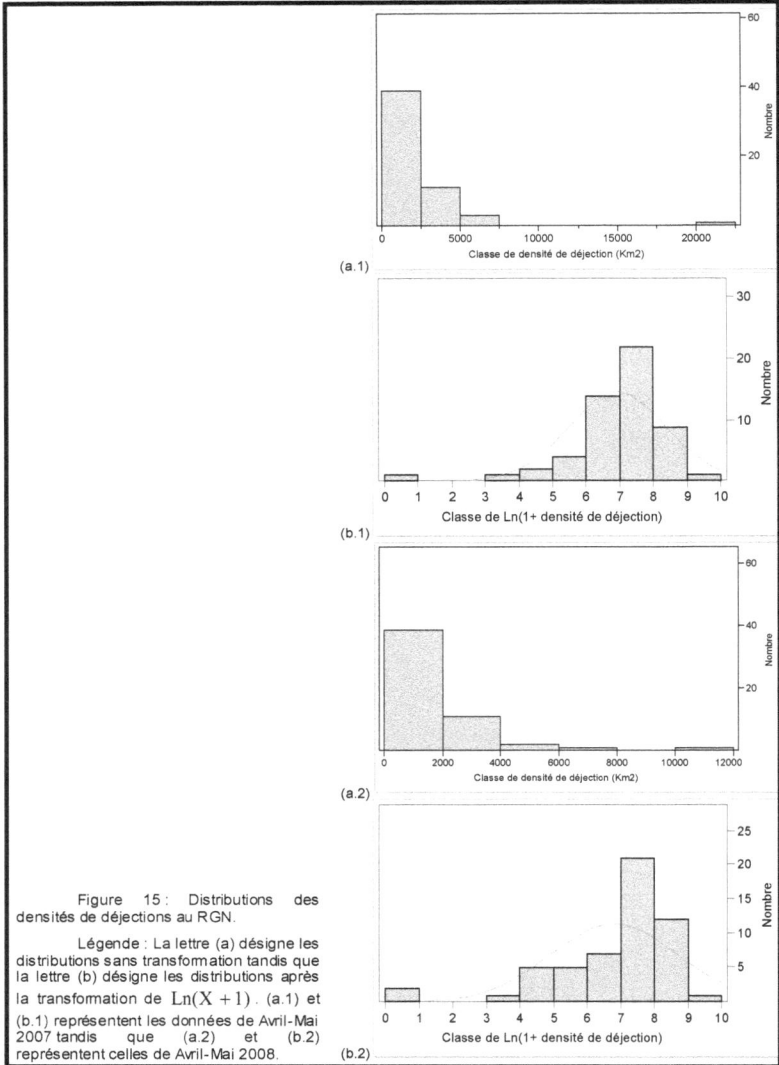

(a.1)

(b.1)

(a.2)

Figure 15 : Distributions des densités de déjections au RGN.

Légende : La lettre (a) désigne les distributions sans transformation tandis que la lettre (b) désigne les distributions après la transformation de $\text{Ln}(X + 1)$. (a.1) et (b.1) représentent les données de Avril-Mai 2007 tandis que (a.2) et (b.2) représentent celles de Avril-Mai 2008.

(b.2)

89

3. DISTRIBUTIONS SAISONNIERES ET INFLUENCES DE L'EAU ET DE L'HOMME SUR LES DISTRIBUTIONS DES ELEPHANTS DANS LE RANCH DE GIBIER DE NAZINGA

Photo 4 : Une carcasse d'éléphant observée sur la périphérique du ranch (Photo, HEMA M.E., Avril-2007)

3.1. ANALYSE DES CONDITIONS DU MILIEU

3.1.1. PLUVIOMETRIE

Le cumul pluviométrique de saison pluvieuse pour les deux dernières décennies (figure 16) montre que la pluviométrie en 2007 était moins de la moitiée de la pluviométrie moyenne de cette zone.

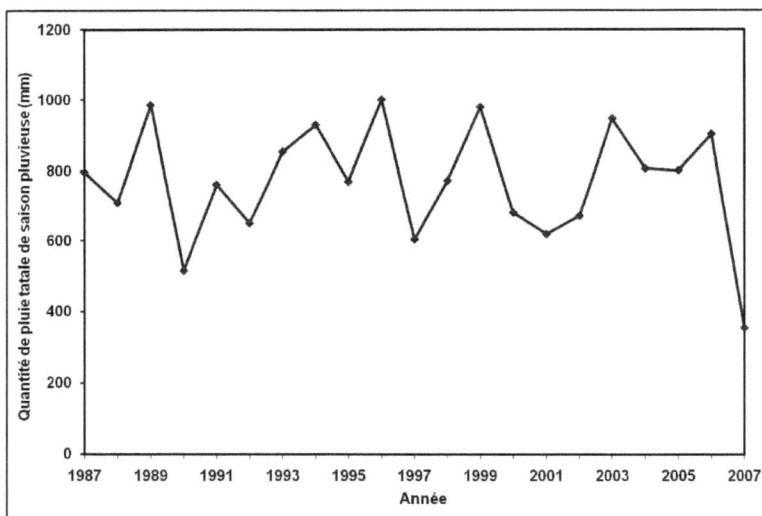

Figure 16 : Pluviométrie totale de saison pluvieuse (Juin à Septembre) pour chaque année depuis 1987

3.1.2. EVOLUTION DE LA POPULATION HUMAINE AUTOUR DU RANCH DE GIBIER DE NAZINGA

La population humaine est passée de 940 à 4665 pour les villages qui présentaient des données de population pour 1975 et 2006 (Tableau 7). Ceci correspond à un taux de croissance de 5,3% par an.

Tableau 7 : Populations des villages riverains de Nazinga de 1975 à 2006

Village	1975	1985	1996	2006
Boala	233	331	691	738
Boassan	43	-	-	746
Kounou	87	-	-	236
Kountioro	106	190	-	577
Koumbili	-	210	265	3483
Natiédougou	61	-	911	495
Saro	93	112	195	666
Sia	16	217	-	284
Tassyan	239	-	-	620
Walem	62	-	153	303
Effectif total pour les villages ayant des données pour 1975 et 2006	940	-	-	4665

3.2. CARTES DE DISTRIBUTIONS SAISONNIERES DES ELEPHANTS

En fin de saison pluvieuse 2006, les éléphants du RGN étaient regroupés vers l'ouest, le sud-ouest et l'est (Figure 17a). En fin de saison sèche 2007, ils se sont rassemblés beaucoup plus à l'ouest avec toutefois une zone de concentration isolée dans le centre-est (Figure 17b). En fin de saison sèche 2008 ils étaient plus régulièrement regroupés le long de la ligne allant de l'ouest vers le nord-est (Figure 17c).

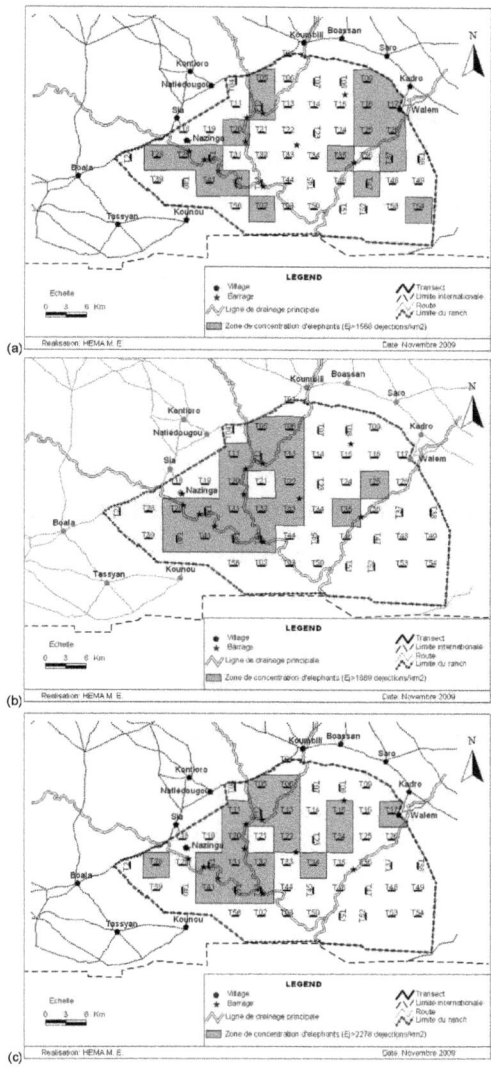

Figure 17 : Cartes de distributions des éléphants à Nazinga en Saison pluvieuse 2006 (a) ; en Saison sèche 2007 (b) et en Saison sèche 2008 (c).

94

3.3. LES MODES DE DISPERSIONS SPACIALES SAISONNIERES

L'analyse de dispersion a engendré un indice de dispersion standardisé de Morisita qui était plus grand que 0,5 (Tableau 8), montrant que les éléphants étaient groupés significativement aussi bien en saison pluvieuse qu'en saison sèche. Cependant, l'histogramme de fréquence montre de larges différences de modes de distribution des éléphants, entre les saisons (Figure 18). La distribution des déjections en saison pluvieuse était différente de celle de la saison sèche 2007 (test de deux échantillons de Kolmogorov-Smirnov : D_{max} = 0,59, n_1 = 454, n_2 = 2583, p<0,001) et de celle de la saison sèche de 2008 (D_{max} = 0,65, n_1 = 454, n_2 = 3819, p<0,001). Les éléphants au cours des deux saisons sèches ont prévalue en de plus grands groupes, tel que montré par le nombre médian de déjections (Tableau 8). Le ratio *variance:moyenne* montre que les distributions de saisons sèches étaient plus groupées qu'en saison pluvieuse (Tableau 8).

Tableau 8 : Mesures de la dispersion des déjections des éléphants pendant les trois saisons.

Année	2006	2007	2008
Mois	Nov.-Déc.	Avril-Mai	Avril- Mai
Saison	Pluvieuse	Sèche	Sèche
Pluviométrie des 3 mois précédents (mm)	568,5	0	5,4
Nombre médian des déjections sur transect	5	31,5	52
Ratio *Variance:moyenne*	12,33	49,66	131,40
Indice standardisé de Morisita, I_p	0,512	0,509	0,517
Nombre de transects	54	54	54

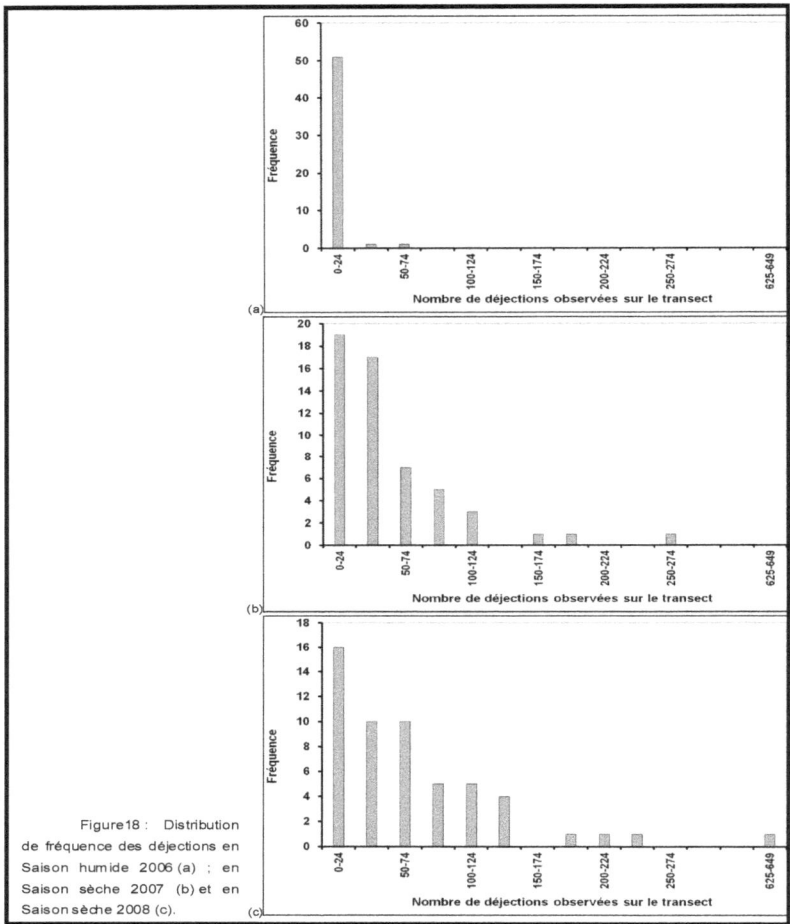

Figure18 : Distribution de fréquence des déjections en Saison humide 2006 (a) ; en Saison sèche 2007 (b) et en Saison sèche 2008 (c).

3.4. INFLUENCES DE L'EAU ET DE L'HOMME SUR LES DISTRIBUTIONS SAISONNIERES

3.4.1. ANALYSE DE L'AUTO CORRELATION SPATIALE ENTRE LES DONNEES DE TRANSECTS

Les déjections d'éléphants étaient spatialement auto corrélées seulement pour les deux saisons sèches. Les variables indépendantes étaient autocorrélées (Tableau 9).

Tableau 9 : Estimations du Moran's I pour chaque saison

Saison	Variable	Moran's I	Z	p
Saison pluvieuse 2006	$\ln(1+Y_{DS2006})$	-0,00714	0,786	NS
Saison sèche 2007	$\ln(1+Y_{DS2007})$	0,0661	5,69	<0,001
Saison sèche 2008	$\ln(1+Y_{DS2008})$	0,0347	3,589	<0,001
	X_w	0,0964	7,73	<0,001
	X_v	0,155	11,62	<0,001
	X_c	0,287	20,5	<0,001

3.4.2. RELATIONS UNI-VARIEES (SIMPLES) ENTRE DEJECTIONS ET VARIABLES EXPLICATIVES

En saison pluvieuse, il n'y avait aucune relation entre les déjections et l'eau, alors qu'en saison sèche les déjections étaient significativement associées avec la proximité à l'eau (Figure 19). Pour toutes les trois saisons, il y avait une très forte relation quadratique avec la distance par rapport aux villages (Figure 19).

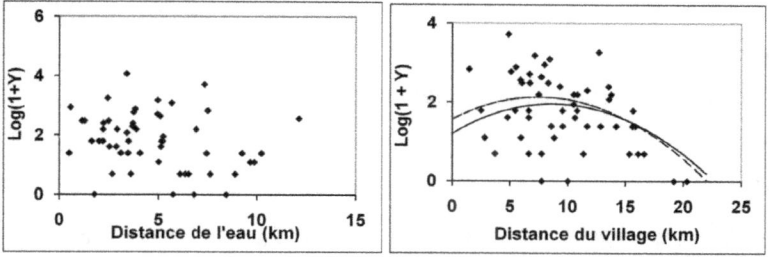

Saison pluvieuse 2006

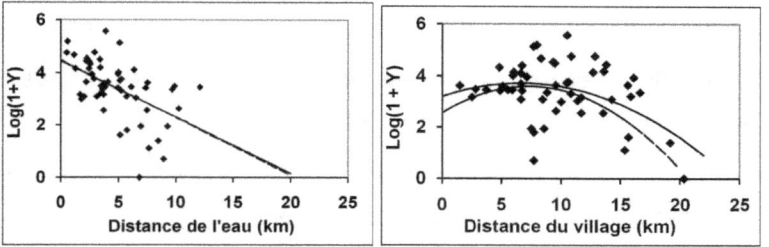

Saison sèche 2007

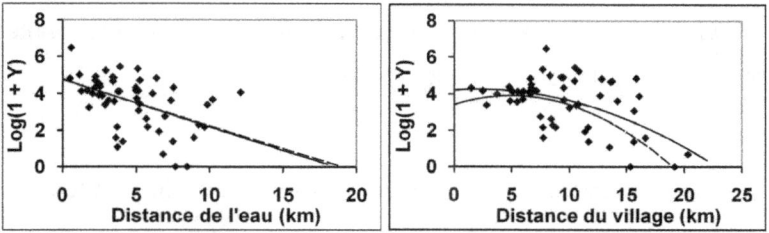

Saison sèche 2008

Figure 19 : Relation entre abondance des éléphants $\ln(1+Y)$ avec la distance à l'eau (X_w) et la distance au village le plus proche (X_v) pour chaque saison.

100

Légende : Y est le nombre de déjections. Les lignes en pointillé montrent les modèles uni-variés : Pour la saison pluvieuse 2006, il n'y avait aucune relation entre l'abondance et l'eau (r^2=0,06 ; df=52 ; NS) ; $\mathrm{Ln}(1+Y) = 1,57 + 0,15X_v - 0,01X_v^2$; df = 51 ; r^2= 0,20 ; p<0,005. Pour la saison sèche 2007, $\mathrm{Ln}(1+Y) = 4,48 - 0,22X_w$; df = 52 ; r^2= 0,29 ; p<0,001; $\mathrm{Ln}(1+Y) = 2,56 + 0,29X_v - 0,02X_v^2$, df = 51, r^2= 0.22, p<0.001. Pour la saison sèche 2008, $\mathrm{Ln}(1+Y) = 4.75 - 0.25X_w$; df=52 ; r^2=0,22 ; p<0,001; $\mathrm{Ln}(1+Y) = 3,43 + 0,20X_v - 0,02X_v^2$; df = 51 ; r^2= 0,27 ; p<0,001. Les lignes pleines montrent les courbes générées par les modèles dans le Tableau 11 décrivant l'association entre l'abondance des éléphants par rapport à la distance à l'eau (X_w) et au plus proche village (X_v) pour chaque saison.

Dans chaque cas, les déjections étaient plus abondantes jusqu'à 10 et 12 km du village le plus proche.

Pour les covariants, il n'y avait aucune différence d'occupation des éléphants entre la zone de conservation intégrale et le reste du ranch pendant la saison pluvieuse 2006 (t = 1,61 ; NS), tandis qu'au cours des deux saisons sèches les déjections étaient plus abondantes dans la zone de conservation intégrale que dans le reste du ranch (pour 2007, t = 3,04 ; p = 0,004 ; pour 2008, t = 2,97 ;

101

p = 0,005). Pour toutes les trois saisons, la mesure de la pression de braconnage, distance du campement forestier (X_g), était négativement associée à l'abondance des déjections (Tableau 10). Il y avait une association de la distance du campement touristique (X_c) avec l'abondance des déjections (Tableau 10), seulement en saison sèche 2008.

Tableau 10 : Associations uni-variées entre l'abondance des déjections ($Ln(1+Y)$) avec la distance du poste de garde (X_g) et la distance du campement touristique (X_c), évaluées par le coefficient de corrélation, r.

Variable	Saison pluvieuse 2006		saison sèche 2007		saison sèche 2008	
	r	p	r	p	r	p
X_g	-0,392	0,003	-0,297	0,029	-0,410	0,002
X_c	0,037	0,792	-0,178	0,198	-0,281	0,039

3.4.3. RELATIONS MULTI-VARIEES ENTRE DEJECTIONS ET VARIABLES EXPLICATIVES

3.4.3.1. LES MODELES UTILISANT LES MOINDRES CARRES ORDINAIRE (OLS)

La distance par rapport au poste de garde a considérablement contribué à expliquer la variance de l'abondance des éléphants seulement pendant la saison pluvieuse (Tableau 11). Ni la distance du campement touristique, ni la zone de conservation intégrale n'étaient significatives en aucune saison lorsqu'elles étaient ajustées aux modèles multi-variés.

Après avoir ajusté pour les distances par rapport au village le plus proche et le poste de garde le plus proche, il n'y avait aucune relation entre les déjections et l'eau en saison pluvieuse (Tableau 11). Mais pour les deux saisons sèches, il y avait une forte relation entre les déjections et l'eau après avoir ajusté pour la distance aux villages (Tableau 11, Figure 19).

Apres avoir ajusté pour la distance par rapport à l'eau et la distance du camp de garde, il n'y avait plus de relation quadratique (c'est à dire, $X_v + X_v^2$) avec les villages en saison pluvieuse (Tableau 11). Il n'y avait non plus pas de relation simple entre l'abondance des déjections et les variables X_v ou X_v^2 prises isolement. D'autre part, la forte relation quadratique avec les villages est demeurée pour toutes les deux saisons sèches (Tableau 11, Figure 19).

Tableau 11 : Modèles reliant la distribution des éléphants à l'eau et les villages.

Variable	Saison pluvieuse 2006		Saison sèche 2007		Saison sèche 2008	
	b	SE(b)	b	SE(b)	b	SE(b)
Intercepte	2,176	0,650**	4,241	0,661***	5,440	0,822***
X_w	-0,033	0,050	-0,215	0,044***	-0,257	0,055***
X_v	0,174	0,121	0,159	0,117	0,045	0,146
X_v^2	-0,010	0,005	-0,012	0,005*	-0,010	0,007
X_g	-0,073	0,035*				
r^2	0,315		0,472		0,493	
F	2,13		8,86		13,22	
df	2, 49		2, 50		2, 50	
p	0,130		<0,001		<0,001	

Légende : Dans chaque cas la variable réponse est l'abondance des déjections ($Ln(1+Y)$) où Y est le nombre de déjections dans chaque transect. Les variables indépendantes sont la distance de l'eau

(X_w), la distance du village le plus proche (X_v) et son carré (X_v^2) et la distance du plus proche poste de garde forestier (X_g). b est le coefficient de régression et SE(b) son erreur standard. r^2 est le coefficient de détermination pour le modèle. Pour les variables explicatives, les valeurs affectées de (*) ont un p<0,05; celles ayant (**) ont un p<0,01 et celles portant (***) un p<0,001 ; p est NS lorsque la valeur ne porte aucun de ces signes. F est le résultat du multiple partial F-test qui a évalué le terme quadratique $X_v + X_v^2$.

3.4.3.2. LES MODELES CORRIGEANT LES BIAIS LIES A L'AUTO CORRELATION SPATIALE

Pour toutes les saisons, et pour tous les modèles, les modèles SAR et CAR ont donné des estimations de coefficient de régressions similaires au modèle OLS. De plus, les erreurs standards étaient similaires dans tous les cas. En guise d'exemple, la comparaison pour une saison est montrée dans le tableau 12.

Tableau 12 : Comparaison des modèles OLS et deux modèles ajustés pour l'autocorrélation spatiale pour la saison sèche 2007.

Variable	OLS		SAR		CAR	
	b	SE(b)	b	SE(b)	b	SE(b)
Intercepte	4,241	0,661***	4,241	0,677***	4,241	0,665***
X_w	-0,215	0,044***	-0,215	0,045***	-0,215	0,045***
X_v	0,159	0,117	0,159	0,113	0,159	0,113
X_v^2	-0,012	0,005*	-0,012	0,005*	-0,012	0,005*
r^2		0,472		0,459		0,482

4. IMPACT DES ELEPHANTS SUR LA VEGETATION LIGNEUSE DU RANCH DE GIBIER DE NAZINGA

Photo 5 : Un tamarinier (*Tamarindus indica*) terrassé par les éléphants (Photo, HEMA M.E., Février-2007)

4.1. ESPECES VEGETALES FORTEMENT ENDOMAGEES

Les espèces végétales rencontrées sur les transects sont les espèces caractéristiques des zones des savanes telles que décrites par Guinko (1985). Il y en avait 8 qui étaient des plus endommagées par les éléphants en 2008 et à la fois enregistrées sur au moins 20 transects. Elles étaient par ordre d'importance des impacts : *Vittelaria paradoxa* C. F. Gaertn (Sapotaceae), *Acacia dudgeoni* Craib. ex Holl. (Mimosaceae), *Acacia gourmaensis* A. Chev. (Mimosaceae), *Detarium microcarpum* Guill. et Perr. (Caesalpiniaceae), *Terminalia laxiflora* Engl. & Diels (Combretaceae), *Maytenus senegalensis* (Lam.) Exell. (Celastraceae), *Piliostigma thonningii* (Schumach.) Milne-Redh. (Caesalpiniaceae) et *Combretum glutinosum* Perr. ex DC. (Combretaceae).

4.2. LES MESURES DE L'ACTION DE BROUTAGE DES ELEPHANTS ET DES FEUX

Pour toutes les 8 espèces végétales d'intérêt, les modèles de régression étaient significatifs ($p < 0,05$) quand la densité initiale des arbres et la densité de déjections d'éléphants étaient ajustées comme variables prédicatrices (Tableau 13). L'ajout de la variable de brûlis n'a amélioré aucun de ces modèles. Dans chaque cas p était supérieur à 0.05 (p>0,05). Le terme interactif [lnE x brûlis] n'était pas non plus significatif.

Pour 4 espèces (*Acacia dudgeoni, Combretum glutinosum, Detarium microcarpum,* et *Piliostigma thonningii*) la densité initiale des arbres et la densité des déjections d'éléphants ont expliqué pour plus de la moitiée, la variation des densités des arbres endommagés (Tableau 13). Seulement, chez *Acacia gourmaensis* ces deux variables ont contribué à expliquer pour moins du tiers de la variance de densité des arbres endommagés.

Pour toutes les espèces, le coefficient de régression de la densité initiale des arbres (b) était significatif. Pour 3 espèces (*Acacia dudgeoni, Combretum glutinosum* et *Vitellaria paradoxa*) le coefficient de régression pour la densité de déjections (c) était significatif (p<0,05), pour deux autres (*Acacia gourmaensis* and *Maytensus senegalensis*) p était moins de 0,10 pendant que pour les autres, p excédait 0,10 (Tableau 13).

Tableau 13 : Modèles de régression décrivant le nombre des arbres et arbustes endommagés, Y, en relation avec la densité initiale des arbres et arbustes, et la mesure de l'abondance des éléphants (exprimées en densité de déjections d'éléphants), en 2008. La variable réponse était $Ln(1+Y)$.

Espèces	Variable	Coefficient de régression	SE du coefficient de régression	p	r^2	p de r^2	Nbre de transects
Acacia dudgeoni	Intercepte	-6,637	1,976	0,004			
	ln(1+densité initiale d'arbre)	1,572	0,356	0,000	0,577	<0,001	21
	ln(1+densité de déjection)	0,487	0,113	0,000			
Acacia gourmaensis	Intercepte	-0,298	1,312	0,823			
	ln(1+densité initiale d'arbre)	0,650	0,283	0,035	0,304	0,046	20
	ln(1+densité de déjection)	0,249	0,142	0,098			
Combretum glutinosum	Intercepte	-4,427	1,182	0,001			
	ln(1+densité initiale d'arbre)	1,173	0,313	0,001	0,549	<0,001	28
	ln(1+densité de déjection)	0,372	0,156	0,025			
Detarium microcarpum	Intercepte	-4,588	1,461	0,004			
	ln(1+densité initiale d'arbre)	1,306	0,237	<0,001	0,597	<0,001	27
	ln(1+densité de déjection)	0,160	0,177	0,373			
Maytenus senegalensis	Intercepte	-5,802	1,975	0,009			
	ln(1+densité initiale d'arbre)	1,679	0,461	0,002	0,479	0,004	20
	ln(1+densité de déjection)	0,389	0,190	0,057			
Piliostigma thonningii	Intercepte	-4,304	1,034	0,000			
	ln(1+densité initiale d'arbre)	1,257	0,245	<0,001	0,521	<0,001	31
	ln(1+densité de déjection)	0,195	0,152	0,212			
Terminalia laxiflora	Intercepte	-4,026	1,232	0,003			
	ln(1+densité initiale d'arbre)	1,065	0,297	0,001	0,397	<0,001	36
	ln(1+densité de déjection)	0,280	0,185	0,140			
Vitellaria paradoxa	Intercepte	-3,096	1,368	0,030			
	ln(1+densité initiale d'arbre)	0,984	0,307	0,003	0,349	<0,001	40
	ln(1+densité de déjection)	0,460	0,158	0,006			

4.3. TENDANCES FUTURES DES ARBRES

Les modèles de simulations stochastiques ont prédit de larges changements des populations ligneuses. Par exemple, ils prédisent que 97% des arbres de *Acacia gourmaensis* vont mourir après 5 étapes d'unité de temps (Tableau 14 et Figure 20a). Plus des deux-tiers de *Vitellaria paradoxa* et environ la moitiée de la population de *Maytenus senegalensis* pourraient également disparaître (Tableau 14). Environ un tiers des cohortes de *Combretum glutinosum, Detarium microcarpum, Piliostigma thonningii* et *Terminalia laxiflora* vont mourir. L'espèce prédite pour souffrir moins d'impact est *Acacia dudgeoni* (Tableau 14 et Figure 20b).

Tableau 14 : Changements de densité des arbres prédits par les modèles de simulations stochastiques après 5 étapes d'unité de temps.

Espèces	Densité de départ (hectare-1)	Densité finale (hectare-1)		% de déclin
		Médiane	95% CI	
Acacia dudgeoni	53,3	44,4	27,4; 51,9	16,7
Acacia gourmaensis	85,3	2,9	0,0; 32,0	96,6
Combretum glutinosum	48,0	33,0	14,3; 43,2	31,3
Detarium microcarpum	80,0	57,0	33,3; 70,1	28,7
Maytenus senegalensis	56,0	27,1	2,9; 43,4	51,6
Piliostigma thonningii	80,0	51,0	16,2; 69,5	36,2
Terminalia laxiflora	85,3	60,3	21,1; 77,6	29,3
Vitellaria paradoxa	69,3	22,3	0,0; 51,6	67,9

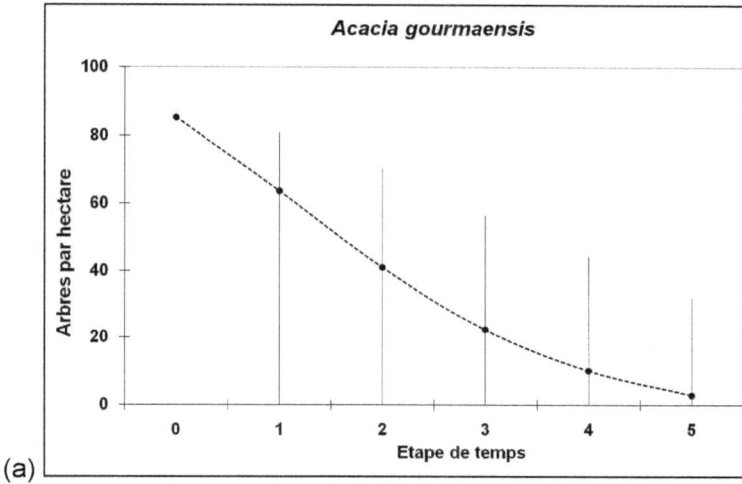

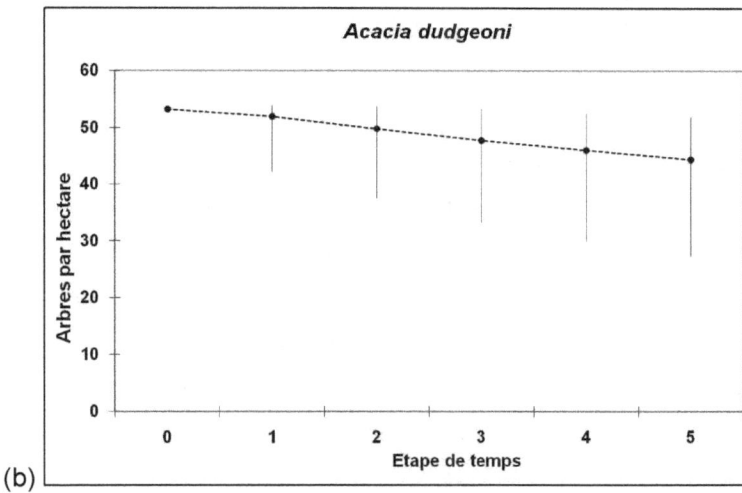

Figure 20 : Prévision de déclin pour deux espèces après 5 étapes de temps, selon les modèles de simulation stochastiques.

114

Légende : le déclin de l'espèce qui régresserait le plus (*Acacia gourmaensis*) est montré en (a) et le déclin de l'espèce qui diminuerait le moins (*Acacia dudgeoni*) est présenté en (b).

Il faut noter cependant que, pour toutes les espèces les limites de confiance de 95% étaient larges. La distribution de Y' produite par l'équation 2 était log-normale avec une longue queue du côté des fortes valeurs. Du moment où Y' était déduit de N pour donner le nombre des arbres restants (N_t), la distribution de N_t, elle, présentait la longue queue plutôt du côté des faibles valeurs. Par conséquent, les intervalles de confiances étaient asymétriques. Pour deux espèces, *Acacia gourmaensis* et *Vitellaria paradoxa*, l'intervalle de confiance embrasse zéro, précisant ainsi le risque d'une élimination de ces arbres dans un futur proche.

Les modèles peuvent être utilisés pour prédire les effets des fluctuations des effectifs de la population des éléphants sur les arbres, du fait des migrations d'éléphants entrant ou sortant de la zone par le biais des corridors. Pour chacune des 8 espèces d'arbres, nous testons les effets d'une augmentation ou d'une régression de 50% de la densité de déjections d'éléphants, dans deux simulations. L'augmentation de nombre d'éléphants a prédit la perte presque totale de *Acacia gourmaensis* et la perte des trois-quarts de *Vitellaria paradoxa* (Tableau 15). Par ailleurs, si la population d'éléphants venait à se réduire de moitiée, alors, environ

10% de la population de *Acacia gourmaensis* et presque la moitiée de la population de *Vitellaria paradoxa*, survivraient (Tableau 15). Cependant, du fait de la grande amplitude des intervalles de confiance, les trois simulations (c'est à dire, la densité actuelle des éléphants, 50% de croissance et 50% de réduction) pour chaque espèce ont produit des estimations avec des intervalles de confiance qui se superposent. Par conséquent aucune différence significative n'a pu être détectée entre les densités finales des arbres et arbustes.

Tableau 15: Changements de densités des arbres et arbustes, prédits par les modèles de simulations stochastiques après 5 étapes de temps, suivant un déclin des densités d'éléphants de 50% ou une augmentation des densités d'éléphants de 50%.

Espèces	Densité de départ (hectare-1)	Augmentation de 50% de la densité d'éléphants			Diminution de 50% de la densité d'éléphants		
		Densité finale (hectare^{-1})		% déclin	Densité finale (hectare^{-1})		% déclin
		Médiane	95% CI		Médiane	95% CI	
Acacia dudgeoni	53,3	41,5	24,7; 50,0	22,1	47,3	34,9; 53,3	11,4
Acacia gourmaensis	85,3	0,8	0,0; 30,1	99,1	7,8	0,0; 38,2	90,9
Combretum glutinosum	48,0	30,6	10,4; 41,6	36,2	36,9	18,4; 44,6	23,2
Detarium microcarpum	80,0	56,1	31,2; 69,9	29,9	59,4	36,9; 72,2	25,7
Maytenus senegalensis	56,0	24,2	2,8; 40,5	56,8	32,1	4,5; 46,0	42,7
Piliostigma thonningii	80,0	49,7	13,6; 67,7	37,9	54,7	24,1; 70,4	31,6
Terminalia laxiflora	85,3	57,8	15,7; 75,9	32,3	64,2	27,0; 79,8	24,8
Vitellaria paradoxa	69,3	15,3	0,0; 45,7	78,0	31,2	0,8; 55,6	55,0

CHAPITRE IV : DISCUSSION

1. EFFECTIF DE LA POPULATION DES ELEPHANTS DANS LE RANCH DE GIBIER DE NAZINGA

Le plus récent inventaire total aérien réalisé à Nazinga est celui de 2003 qui a estimé la population des éléphants du ranch à 548 individus (Bouché, 2007). En admettant un taux de croissance annuel de 3,82% pour cette population (Bouché, 2007), un calcul d'extrapolation donnerait une estimation de 637 individus éléphants à Nazinga en 2007. Sur le terrain, les appréhensions subjectives des acteurs (agents forestiers et techniciens de terrain) avances des figures allant de 500 à 900 individus. Les estimations des inventaires pédestres suggèrent des effectifs largement au dessus de ces valeurs.

La méthode de comptage sur transect en ligne recommande qu'un niveau minimum de 58 contacts soit atteint pour l'objet recherché afin que son effectif puisse être estimé avec un minimum de biais (Buckland et al., 1993 ; 2001). Le tableau 3 montre qu'il y avait un nombre insuffisant de contacts d'éléphants pour tous les inventaires pédestres réalisés à Nazinga depuis 2003. Pour la plupart, moins de la moitié du nombre minimum de contact requis a

118

été observée. Chez les autres mammifères (Tableau 2), seuls l'hippotrague (80 contacts) le bubale (64 contacts) et le phacochère (63 contacts) présentent des nombres de contacts supérieurs au nombre minimum requis (58) avec toutefois des valeurs inferieures à son double. Des résultats similaires ont été trouvés par Cornelis (2000) et Ouédraogo (2005). De tels petits échantillons engendrent des estimations non exactes ni précises des paramètres des populations animales (Barnes, 2002 ; Norton Griffiths, 1978).

Le profile de visibilité des observations d'éléphants de l'inventaire de 2007, montre que la mobilité des animaux n'a pas permis de les observer à leurs positions initiales. Sur le terrain, la direction du vent est très instable et la marche en silence absolu de l'équipe des recenseurs est presque impossible dans cet habitat de savane desséché à cette période. Les animaux étaient les premiers à détecter la présence des recenseurs. Ainsi, ils ont pu se déplacer de leurs positions initiales avant d'être détectés par les recenseurs. Nous avons obtenu des résultats similaires au cours de nos travaux d'inventaire des grands mammifères diurnes de 2010 dans la Forêt Classée et Réserve Partielle de Faune de la Comoé-Léraba (FCRPF-CL) (Héma *et al.*, 2010). L'observation des animaux à leurs positions initiales est un principe fondamental de la méthode DISTANCE et la violation de ce principe couplée au nombre insuffisant de contacts constituent des sources majeures de biais dans les estimations. La méthode d'inventaire directe appliquée à Nazinga et à la FCRPF-CL impose l'utilisation de la distance *animal-à-observateur* (distance radiale) dans les analyses. Buckland *et al.* (2010) notent que l'utilisation de cette distance *animal-à-observateur* dans les analyses introduit d'importants biais dans les estimations et ne permet pas en général, de produire des estimations valides de la densité.

Les fortes variations des nombres d'observations entre les transects et aussi les fortes variations des tailles des groupes observés engendrent de larges limites de confiance qui compromettent ainsi les comparaisons rigoureuses des estimations entre années. Par exemple, nous avons observé seulement 46 groupes d'éléphants pour notre échantillon de 2007 mais en 2004 ce sont 21 groupes qui avaient été détectés. Si par chance un groupe supplémentaire avait été détecté pour chacune de ces années, cela aurait augmenté les estimations par de larges quantités. De la même manière, si par chance un groupe se déplaçait plutôt hors des limites de marche des observateurs quelques minutes plus tôt, les estimations finales auraient variées fortement. Selon Reilly (2002), les protocoles d'études utilisant le contact direct avec les animaux sont susceptibles de donner des estimations biaisées du fait du comportement des animaux (tels que certains individus étant plus visibles que d'autres).

L'estimation de 2007 était exceptionnellement plus élevée que toutes les autres estimations. Il y a au moins deux explications possibles qui concernent les migrations et le double comptage. En effet, il s'agit là d'un comptage que l'on suppose instantané (même s'il a duré plusieurs jours). De l'effet des migrations, il est possible d'avoir par chance d'avantage de groupes d'éléphants qui migrent de la Sissili vers Nazinga au moment de l'inventaire. Si en plus ces groupes supplémentaires sont observés sur un ou deux transects, alors cela va booster l'estimation. De l'effet du double comptage, l'on note qu'un groupe pourrait être observé sur un transect un jour, puis par chance le groupe migre à l'ouest et est observé sur un autre transect le lendemain.

L'hypothèse généralement admise par les aménagistes de Nazinga est que la population d'éléphants est en constante augmentation depuis le début du projet Nazinga en 1980. Cependant, les différentes séries d'inventaires basées sur les observations directes et réalisées dans la zone depuis le début de cette initiative ont jusqu'ici échoué à montrer une confirmation scientifiquement éprouvée de cette hypothèse. Ils montrent plutôt des estimations d'effectifs de la population avec de larges limites de confiance de 95% compromettant ainsi toute possibilité d'appréciation efficace des tendances. Il est assez improbable que l'on puisse avoir une bonne appréciation de la tendance des populations à l'aide de ces méthodes.

2. VARIATIONS ANNUELLES DES EFFECTIFS DES ELEPHANTS DANS LE RANCH DE NAZINGA

L'analyse des courbes de visibilité a montré que les observateurs étaient équitablement efficaces au cours des deux inventaires. Les effectifs des déjections estimés étaient plus importants en 2008. Cependant, il n'y avait aucune différence significative des densités de déjections entre ces deux années. En saison sèche, les populations résiduelles des éléphants du PNKT et de la Sissili convergent vers Nazinga où elles trouvent de meilleures conditions d'habitat et de sécurité. Ces flux migratoires de fin de saison sèche étaient similaires entre 2007 et 2008. L'hypothèse nulle ne peut pas être rejetée. Alors, il n'y avait aucune évidence de soutenir l'idée d'une large augmentation de l'effectif des éléphants entre ces deux années.

Il est peu probable qu'une augmentation de la population du fait des naissances au cours d'une année soit perceptible au moyen de deux inventaires successifs. Les mortalités d'éléphants au RGN sont relativement faibles. Du reste, nous avons observé très peu de mortalités d'éléphants au cours de l'étude. Barnes (1993) rapporte les principales sources d'erreurs des méthodes de comptage des déjections des éléphants. Celles-ci concernent principalement la visibilité, l'identification des déjections et l'exactitude des mesures des distances. De telles erreurs ont été minimisées dans la collecte de nos données de terrain.

Une analyse des fiches de relevés pluviométriques réalisés à Nazinga montre que le dernier mois de pluie avant le début de la saison sèche 2007 (octobre 2006) était plus humide que celui de la saison sèche 2008 (octobre 2007). En effet, l'on totalisait 5 jours de pluie et 37,5 mm d'eau tombée en octobre 2006 contre seulement 3 jours de pluies avec 7,5 mm d'eau en octobre 2007. Donc la saison sèche 2008 était relativement plus sèche et longue que celle de 2007. Cela pourrait expliquer la relative grande accumulation de déjection en 2008.

3. LES METHODES D'INVENTAIRES UTILISEES

Plusieurs inventaires utilisant la méthode des observations directes d'animaux ont été réalisés à Nazinga depuis sa création en 1979. Cependant, les estimations des effectifs des populations qui ont été générées montrent des intervalles de confiances de 95% trop larges. Elles ne permettent pas de détecter les tendances réelles des populations animales. Les inventaires

123

pédestres récurrents réalisés chaque année à Nazinga, nos résultats d'inventaires des mammifères diurnes de 2007 et les résultats similaires obtenus dans la Forêt Classée et Réserve Partielle de Faune de la Comoé-Léraba (Héma *et al.*, 2010), montrent que la méthode pédestre directe donne de faibles nombres de contacts d'animaux pour toutes les espèces. Il en résulte des estimations des effectifs de population non exactes avec de larges limites de confiances.

En effet, l'inventaire de février 2007 a estimé la population des éléphants du ranch à 2518 individus (95% Limite de Confiance : 1476 ; 4294). Les courbes de visibilité obtenues (Figure 10) montrent de sérieuses insuffisances vis-à-vis des principes fondamentaux de la méthode DISTANCE. Par exemple, il est difficile d'observer les groupes d'animaux à leurs positions initiales dans les savanes ouest africaines. L'impossibilité d'observer tous les groupes d'animaux situés sur la ligne du transect (du fait de leur mobilité) correspond à la violation de l'une des principales hypothèses de la méthode DISTANCE. Ainsi, l'on obtiendra une faible performance pour l'estimation de $\hat{f}(0)$ et de sa variance. Par conséquent l'estimation des effectifs des populations d'éléphants et tous les autres paramètres qui leurs sont liés seront peu onéreux. Ouédraogo *et al.* (2009) ont souligné que la méthode des transects donne des estimations inadéquates du faite du faible nombre de

124

contacts d'éléphants enregistrés. Selon Cornélis (2007), elle est totalement inadaptée pour le buffle et l'éléphant. La méthode d'échantillonnage direct telle que appliquée à Nazinga mesure plutôt les distances radiales sur le terrain. L'utilisation de la distance radiale dans les analyses signifie que l'on ne peut pas obtenir des estimations des densités valides (Buckland *et al.*, 2010).

Dans le cas des inventaires directs, les variations entre transects sont beaucoup influencées par la taille des groupes d'animaux observés. Cela signifie qu'elles sont liées à un aspect comportemental des animaux qui est difficilement maitrisable par la technique d'inventaire utilisée. A titre illustratif, nous avons observé 46 groupes d'éléphants au cours de notre inventaire direct de 2007. Mais si par chance, un des grands groupes observés avait migré hors du champ de vision avant l'arrivée des observateurs ou au contraire si par chance un 47ième grand groupe était plutôt entré dans le champ de vision au moment de l'arrivée des observateurs, alors cela aurait pu influencer de façon considérable les estimations. L'effet de la perte aléatoire d'un groupe ou de l'observation aléatoire d'un groupe additionnel pourrait engendrer de grandes différences entre les estimations. L'addition ou la perte d'un groupe peut modifier considérablement l'allure de la courbe de visibilité et affecter ainsi l'estimation de $\hat{f}(0)$. Par contre, le comptage des déjections fournit toujours des échantillons de grandes tailles

(Barnes, 2002). Ainsi, une observation additionnelle aléatoire ou une perte aléatoire d'une déjection n'engendrera pas du tout de différence sur l'estimation des effectifs de la population de déjections.

La méthode directe engendrera toujours de larges limites de confiance pour les estimations. En plus les estimations de densités seront toujours invalides si l'on doit utiliser les distances radiales dans les analyses. Ces faits sont statistiquement révélés par nos résultats d'inventaires utilisant les deux méthodes au cours de la saison sèche de 2007 à Nazinga. Ces inventaires ont tous engendré des estimations assorties de limites de confiance assez larges du fait des larges variations des observations entre transects. Le coefficient de variation (CV) pour l'inventaire direct était de 28% tandis que celui de l'inventaire des déjections était de 14%. La méthode des déjections a donné de meilleures courbes de visibilités pour les données de déjections. De même, les estimations de la saison sèche 2008 par la méthode directe présentaient un coefficient de variation de 42% (Héma *et al.*, 2008b) contre nos résultats de 19% pour la méthode des déjections au cours de la même saison.

Notre technique d'inventaire des déjections utilise les mesures de distances perpendiculaires telles que suggérées par Buckland

(2010). Les résultats ci-dessus montrent clairement que la méthode des déjections a une puissance statistique plus importante par rapport à la méthode directe. La méthode des déjections est donc plus efficace si l'on voudra faire des comparaisons des estimations d'une année à l'autre.

Plusieurs méthodes ont été développées pour compter les grands mammifères dans les habitats ouverts (Caughley, 1977 ; Norton-Griffiths, 1978 ; Scherrer, 1983 ; Bart *et al.*, 1998 ; Jachmann, 2001). Les avions sont beaucoup utilisés en Afrique de l'Est et du Sud pour le monitoring, l'abondance et la distribution des grands mammifères dans de tels habitats (Norton-Griffiths, 1978 ; Jachmann, 2001). En Afrique de l'Ouest, les grands mammifères tels que les antilopes, les buffles et l'éléphant sont souvent en faible densité. Un inventaire aérien donne une image de la distribution instantanée des animaux, c'est à dire un flash à un point précis dans le temps. Ouédraogo (2005) a montré comment l'inventaire aérien total sous-estimait largement les effectifs de buffles à Nazinga. Lorsque les animaux sont en faible densité, le comptage aérien donne une estimation de distribution médiocre et permet une faible analyse des facteurs qui déterminent la distribution. Ceci tient au fait que beaucoup de transects n'enregistrent aucun ("zéro") animal, tandis qu'un petit nombre de transects enregistrent beaucoup d'animaux. Les estimations qui en résultent montrent alors de fortes variances et de larges limites de confiance (Jachmann, 1991 ; Barnes, 2002 ; Cornélis, 2007).

Il est nécessaire d'adopter une méthode d'inventaire standard, si l'on voudra appréhender les tendances des effectifs animaux des aires de conservation ouest africaines telles que Nazinga. Le manque d'avions, de ressources financières et de personnel qualifié signifient que les recensements aériens seront toujours rares en Afrique de l'Ouest. Par conséquent, nous devons rechercher des méthodes alternatives qui sont moins couteuses, qui utilisent des équipements peu sophistiqués et qui peuvent être exécutées par les agents de terrains des départements des eaux et forêts. A ce titre, Ouédraogo (2005) et Ouédraogo *et al.* (2009) ont proposé l'utilisation de la «la méthode pédestre totale». Selon ces auteurs, dans les conditions écologiques de Nazinga, cette méthode permet d'obtenir des estimations d'effectifs satisfaisantes. Ils précisent par ailleurs que la méthode est applicable seulement sur les petites surfaces et dans le cas où les troupeaux sont petits et regroupés. La stratégie de collecte telle que proposée par Ouédraogo est al. (2009) utilise plutôt des modes de déplacement comme dans le cas des transects de reconnaissance (recce transects). Dans le cas de Nazinga la surface moyenne des blocs d'inventaire était de 77,1 ± 16,4 km². Dans les savanes ouest africaines comme celles de Nazinga, il est toujours difficile de s'assurer que l'on a pu inventorier tous les individus animaux dans des espaces de 77 km^2. Nous pensons que cette méthode comporte d'importants risques de sous-estimation des effectifs. Du reste, la comparaison des résultats d'inventaire à Nazinga atteste ce fait. La «méthode pédestre totale» a généré les plus faibles estimations des effectifs d'éléphants à Nazinga depuis sa création.

Aujourd'hui, il n'est pas rare de rencontrer de gros troupeaux d'éléphants à Nazinga surtout en saison sèche. Le comptage des groupes d'éléphants dans les fourrées pose toujours problème. Si la méthode devra être celle de « la méthode pédestre totale » alors l'on a besoin de réduire d'avantage les blocs d'inventaire. Il faut donc un effort de recherche conséquemment important avec toutes les implications logistiques et financières qui s'imposent. Le besoin réel en hommes d'un tel inventaire sera difficile à satisfaire par Nazinga.

Selon Reilly (2002), les protocoles d'études utilisant le contact direct avec les animaux sont susceptibles de donner des estimations biaisées du fait du comportement des animaux (tels que certains individus étant plus visibles que d'autres). En tant que Biologistes, nous avons l'obligation d'orienter les aménagistes à poser des questions de gestion pertinentes. Ont-ils besoin de savoir les effectifs de leurs populations d'éléphants ? Ou plutôt, ont-ils besoin de savoir si leurs populations d'éléphants sont entrain de croître, de décroître, ou stables ? En général, quand un aménagiste décide de faire des inventaires réguliers, il s'inscrit plutôt dans un objectif de monitoring écologique pour lui permettre de suivre les tendances des populations animales et leurs habitats. Connaitre les effectifs animaux est relativement assez couteux et non indispensable à un monitoring efficace de la faune et de son habitat. Selon nos résultats, pour montrer les tendances, le comptage des déjections au cours de chaque saison sèche est très pratique et moins couteux. Si les inventaires des déjections sont exécutés à la même période de l'année, ou à la même période par rapport à la dernière pluie, alors ils donneront de meilleurs indices de variation des nombres et distributions des déjections dont le monitoring est tout autant efficace que le monitoring des individus animaux.

Pour connaitre les effectifs animaux, l'aménagiste pourrait organiser un inventaire aérien total ponctuel qui lui permettra de disposer de ses effectifs animaux. Il pourrait entreprendre une telle activité tous les cinq ans ou même seulement de façon sporadique, sur la base de certains objectifs spécifiques d'aménagement de son site. Si l'objectif est plutôt de connaitre les tendances au moyen d'un monitoring écologique continu, nous soutenons que le comptage des déjections dans les savanes ouest africaines (comme Nazinga, la FCRPF-CL et le Parc National de Molé) va donner de bien meilleures estimations des tendances pour toutes les espèces animales. Jachmann (1991) montre que les méthodes d'échantillonnage directes sont moins précises que la méthode utilisant les déjections. Selon Barnes (2002) la méthode des déjections donne des estimations plus précises que la méthode d'échantillonnage aérien, particulièrement pour les petites populations.

La méthode des déjections a longtemps été utilisée pour évaluer l'utilisation de l'habitat par les éléphants dans des situations allant de la forêt équatoriale jusqu'au sahel (Barnes *et al.*, 1997 ; Barnes *et al.*, 2006a).

Les savanes de l'Afrique de l'Ouest présentent des conditions appropriées pour l'utilisation de la méthode des déjections pour le monitoring écologique. Lorsque les animaux passent la majeure partie du temps dans les fourrées, leurs déjections restent sur place même après qu'ils soient partis. Pour nous, il est plus facile de rechercher ces déjections plutôt que les individus animaux. Les éléphants produisent de grandes quantités de déjections. La déjection ne "s'enfuit" pas et peu de variables influencent sa visibilité. De plus, s'il y a des questions sur un transect particulier, les observateurs peuvent revenir sur le transect le jour suivant pour le ré-inventorier.

Il semble que le grand avantage des déjections est le fait qu'elles représentent une accumulation de l'occupation des animaux au cours des jours ou semaines précédents. En conséquence, elles sont plus uniformément distribuées qu'une vue instantanée des animaux et les variations entre transects sont moindres (Jachmann, 1991). Elles constituent une meilleure mesure de l'occupation par rapport au comptage direct des animaux parce qu'elles représentent l'utilisation cumulée de la zone pendant les semaines précédentes.

La puissance de détection des changements de nombre d'animaux dépend de la précision des estimations. Par conséquent, le comptage des déjections va permettre aux aménagistes de la faune d'avoir des estimations qui sont plus utiles que celles issues des inventaires aériens. Il donne des estimations avec des limites de confiances plus étroites que celles des échantillonnages aériens. En somme, il est plus précis que l'inventaire aérien (Barnes, 2002).

Jachmann (1991) a abouti à des résultats similaires au cours d'une étude d'évaluation des quatre méthodes d'inventaires (aérien, pédestre, véhicule, déjection) généralement utilisées en Afrique. La méthode de comptage des déjections sur transects linéaires donne un bon indice d'abondance des éléphants (Jachmann, 1991 ; Barnes *et al.*, 1994). Elle est très utile lorsque les conditions ne sont pas favorables pour un recensement aérien (Jachmann et Bell, 1979). La méthode pédestre totale est peu adaptée pour les grandes étendues de surfaces. Le risque de double comptage est important lorsque les troupeaux sont très importants ou très éclatés (Ouédraogo, 2005).

Les argumentaires ci-dessus évoqués soulignent la nécessité d'une méthode d'inventaire standardisée de suivi des populations animales des savanes. Pour un site comme Nazinga, l'on n'aura jamais une estimation statistiquement éprouvée des tendances des effectifs des éléphants jusqu'à ce qu'une méthode standardisée soit mise en place. La méthode de comptage des déjections a été développée pour estimer le nombre des animaux rares ou difficiles à observer en forêt (Neff, 1968 ; Jachmann et Bell, 1979 ; 1984 ; Short, 1983 ; Merz, 1986 ; Barnes et Jensen, 1987 ; Koster et Hart, 1988 ; Barnes, 1993 ; 1996). Elle apparaît comme une méthode alternative qui peut être appliquée en savane pour l'étude de l'abondance et la distribution des animaux (Barnes, 2002).

Avec la hausse des coûts et les problèmes logistiques en recherche sur la faune sauvage, la méthode des déjections semble être la méthode qui donne les meilleurs rapports coût efficacité pour le monitoring des populations d'éléphants en Afrique de l'Ouest. Notre technique de comptage des déjections le long de 54 transects disposés sur toute l'aire du ranch est sans doute une simple méthode standardisée applicable pour le monitoring de la faune du ranch de Nazinga. L'inventaire des déjections est simple à exécuter et peut être répété régulièrement sur le même site pour le monitoring écologique de la faune des savanes.

4. DISTRIBUTIONS SAISONNIERES ET INFLUENCES DE L'EAU ET DE L'HOMME SUR LES DISTRIBUTIONS DES ELEPHANTS DANS LE RANCH DE GIBIER DE NAZINGA

4.1. DISTRIBUTIONS SAISONNIERES DES ELEPHANTS

Les échantillons de saisons sèches ne sont pas strictement comparables à ceux de la saison pluvieuse. En fonction de l'intensité de la pluviométrie, les échantillons de saisons pluvieuses représentent la distribution des éléphants durant les trois ou quatre semaines qui ont précédé l'inventaire. Les échantillons de saisons sèches représentent quand à eux, le cumul de l'occupation des mois précédents l'inventaire où le taux de dégradation des déjections était négligeable. C'est la distribution des déjections entre transects à l'intérieur de chaque saison qui nous concerne ici.

Une distribution aléatoire ou de Poisson donnerait un ratio *variance:moyenne* de l'unité, et une valeur de I_p égale à zéro. Les deux mesures ont montré que les éléphants étaient en agrégat ou regroupés en toute saison. Le ratio *variance:moyenne*, aussi bien que le nombre médian des déjections ont montré que l'échantillon de la saison sèche 2008 était plus groupé que celui de la saison sèche 2007 qui était à son tour plus groupé que l'échantillon de la saison pluvieuse. Cependant, I_p n'a pas montré cet ordre. Il a plutôt montré que le degré d'agrégation de l'échantillon de la saison pluvieuse était entre les deux saisons sèches. Des indices différents varient par les manières qu'ils mesurent l'agrégation (Krebs, 1989 ; 1999). Une autre mesure est la mesure binomiale négative (*negative binomial*), mais elle ne pouvait pas être utilisée ici. Elle marche mieux quand les populations de déjections sont de même taille (Krebs, 1989 ; 1999).

Il était attendu que les éléphants soient concentrés près des points d'eau permanents pendant les saisons sèches. La pluviométrie de la saison pluvieuse de 2007 était moins de la moitié de la pluviométrie moyenne annuelle du site (Figure 16). Ainsi, les mois qui ont précédé notre inventaire de fin de saison sèche 2008 étaient très secs. La saison sèche 2008 a montré un plus grand degré d'agrégation que l'autre saison sèche, selon les médianes et les ratios *variance:moyenne*. Du reste, elle est la seule saison qui présente un transect ayant une très large concentration d'éléphants (Figure 18c).

Viljoen (1989) et Kabigumila (1993) ont soutenus que l'utilisation saisonnière de l'habitat par les animaux était probablement un important mécanisme de survie qui réduit l'impact sur les habitats arides et permet la régénération des plantes alimentaires. Jachmann (1988 ; 1992) a rapporté qu'à Nazinga les éléphants se dispersaient sur une grande étendue du ranch en milieu et fin de saison pluvieuse quand l'eau était abondante et largement distribuée. Hien (2001) démontre qu'en cette saison, leur alimentation est dominée par les herbacées qui sont aussi abondantes dans le ranch en cette période. Alors, l'on s'attendrait à ce que les éléphants soient aléatoirement distribués sur l'aire d'étude en saison pluvieuse, a moins qu'ils ne soient attirés par certains types de végétations ou par d'autres composants de l'habitat. Si les groupes se dispersent pour éviter la compétition alimentaire, alors ils devront être uniformément dispersés dans tout l'habitat ($I_p < 0$). Cependant, cela était peu probable ici en saison d'abondance de nourriture. Nous avons trouvé qu'ils étaient plutôt regroupés, bien que beaucoup moins concentrés qu'en saisons sèches. Des distributions similaires ont aussi été observées sur le terrain entre 2002 et 2003 (Hien *et al.*, 2007).

136

La distribution de cette saison sèche représente un changement significatif comparativement à la situation rapportée par Jachmann et Croes (1991). Ils ont rapporté qu'en saison sèche, les plus faibles densités d'éléphants étaient à la périphérie tandis que les densités les plus élevées étaient au centre. Du moment que la pression de broutage est forte pendant la saison sèche, (Jachmann et Croes, 1991), ceci représente une redistribution majeure de l'impact des éléphants sur l'écosystème de Nazinga au cours des vingt dernières années.

4.2. PRINCIPAUX FACTEURS DE DISTRIBUTION DES ELEPHANTS AU RGN

La distribution des éléphants à l'intérieur du ranch peut être expliquée par quatre variables majeures dont l'importance varie avec la saison. Ce sont : l'eau, les villages à l'extérieur du ranch, la chasse régulée et la chasse illégale (braconnage).

4.2.1. INFLUENCE DE L'EAU SUR LES DISTRIBUTIONS SAISONNIERES DES ELEPHANTS

Les éléphants de savane sont des espèces fortement dépendantes de l'eau. Les mouvements et distributions de ces derniers sont liés aux sources d'eau permanentes pendant la saison sèche quand l'eau est réduite. Ils se dispersent indépendamment de l'eau en saison pluvieuse (Jachmann 1988 ; 1992 ; Barnes *et al.*, 2006a ; Kioko *et al.*, 2006 ; Canney *et al.* 2007 ; Leggett 2009 ; Gaugris et van Rooyen, 2010; Ihwagi *et al.*, 2010). A Nazinga, les éléphants étaient plus largement distribués à l'intérieur du ranch en saison pluvieuse. En l'occurrence, de telles distributions s'observes quand l'eau est abondante dans les ravins et flaques d'eau dispersés qui en retiennent pendant quelques jours après une forte pluie (Jachmann, 1988 ; Sukumar, 1989 ; Tehou et Sinsin, 2000). Par contre, en saison sèche, il y avait plus de chance qu'ils soient groupés autour des points d'eau permanents (Bouché, 2007 ; Hien *et al.*, 2007). Ceci explique les fortes autocorrélations spatiales des variables pour les deux saisons sèches.

4.2.2. INFLUENCE DE L'HOMME SUR LES DISTRIBUTIONS SAISONNIERES DES ELEPHANTS

La population humaine autour du ranch s'est accrue au cours des deux dernières décennies (Kessler & Geerling 1994). Par exemple, Vermeulen et Moreau (2001) ont noté que dans le village de Sia, la population des migrants a doublé entre 1989 et 1990, puis chaque cinq an entre 1990 et 2000. Le nombre croissant de la population humaine, le changement de l'utilisation des terres autour du ranch et les activités liées aux villages telles que le braconnage influencent le comportement des éléphants et leurs distributions saisonnières dans le ranch. En l'occurrence, Chase et Griffin (2009) ont trouvé que la prévalence des installations humaines a causé le regroupement des éléphants au centre du parc de Sioma Ngwezi en Zambie pendant la saison pluvieuse. Bouché (2007) et Ouédraogo *et al.* (2009) soulignent que l'occupation humaine de l'espace est un facteur structurant les itinéraires, la mobilité et la distribution des éléphants.

4.2.2.1. IMPACT DE LA CHASSE SUR LA DISTRIBUTION DES ELEPHANTS

Les deux formes de chasse, légale et illégale influencent les distributions saisonnières des éléphants au RGN. Les zones qui sont les plus soumises au braconnage sont les périphéries sud et est du ranch (Hien, 2001 ; Bouché, 2007 ; Ouédraogo *et al.*, 2009). Hien *et al.* (2007) montrent que les activités illégales sont un facteur majeur déterminant la distribution des éléphants de Nazinga en saison pluvieuse. En cette saison il n'existe pas de chasse légale à Nazinga. Cela explique le fait qu'il n'y avait aucune différence d'occupation de l'espace par les éléphants, entre la zone de conservation intégrale et le reste du ranch en saison pluvieuse. En saison sèche, les éléphants préféraient la zone de conservation intégrale qui n'était pas perturbée par les coups de feu. L'effet du braconnage était reflété par la plus grande abondance des éléphants près des postes de garde forestiers en toute saison (Tableau 10).

4.2.2.2. IMPACT DES VILLAGES SUR LES DISTRIBUTIONS SAISONNIERES DES ELEPHANTS

La relation des éléphants avec les villages était inattendue. En saison sèche, les éléphants de Nazinga se regroupent près de l'eau (Jachmann, 1992 ; Hien, 2001). Du moment où les champs sont nus pendant cette saison, il était peu évident qu'ils soient associés aux communautés riveraines. Selon Jachmann et Croes (1991), à cette période les éléphants évitent les périphéries du ranch qui sont proches des villages.

En saison pluvieuse, les villageois se plaignent de dégâts causés par les éléphants à leurs cultures. C'est la preuve que ces éléphants sont attirés vers la périphérie du ranch où ils peuvent marauder les cultures dans les champs voisins. Selon Hien (2001), il se produit une expansion de leur domaine vital général avec une visite accrue des zones périphériques pendant cette période. La période de haute fréquence des dégâts d'éléphants dans les champs autour du ranch correspond à la fin de la saison pluvieuse. Ainsi, nous nous attendions à ce qu'en cette période, les éléphants soient plus réguliers près des villages à cause des champs de cultures en maturité. Par exemple, Ouédraogo *et al.* (2009) soulignent qu'en fin de saison pluvieuse, les éléphants visitent les champs à la recherche de cultures sur pied, de boutures ou de stocks de récoltes. Hien (2003) a rapporté qu'en 2002 la zone de fort nombre d'incidences de dégâts d'éléphants autour de Nazinga était localisée autour des villages à l'ouest, au sud-ouest et à l'est. L'on sait aussi que les plantes cultivées sont généralement plus appétissantes et nutritives que les plantes sauvages. Par conséquent, elles sont très attractives pour les éléphants (Sukumar, 1990).

Cependant, après avoir ajusté pour l'eau et le braconnage (représenté par la distance par rapport au poste de garde forestier), il n'y avait aucune relation linéaire ou quadratique entre l'occupation des éléphants et les villages en saison pluvieuse. Cela était probablement lié au fait que les paysans avaient eu du succès dans leurs actions de dissuasion des éléphants. Ainsi, en saison pluvieuse et selon les modèles multi-variés, l'occupation des éléphants à l'intérieur du ranch était mieux expliquée par les activités illégales. Une grande partie du ranch était inaccessible en ce moment et il y avait peu de visiteurs. Egalement pendant cette période, plusieurs agents, y compris plus de la moitié de l'équipe en charge de la surveillance et la protection de l'aire vont en congé, laissant ainsi le ranch ouvert aux braconniers.

Pendant les deux saisons sèches les associations entre l'occupation des éléphants et la distance par rapport aux villages étaient très fortes (p < 0,001) après que l'on ait ajusté pour l'eau. Les éléphants semblaient utiliser les parties du ranch qui étaient près des villages dont certains sont proches de la limite du ranch. L'occupation était plus importante sur les transects qui étaient à moins de 10 ou 12 km des villages. Cela était inattendu parce que si les éléphants évitaient les villages qui sont des sources de perturbations, alors ils seraient moins abondants sur la périphérie du ranch (Theuerkauf et al., 2001). En saison sèche, les producteurs ne gardaient plus leurs champs et les éléphants étaient attirés par les greniers isolés dans les champs (Damiba et Ables, 1993). Hien (2000) et Hien et al. (2001) rapportent que les fruits sont abondamment consommés par les éléphants en fin de saison sèche à Nazinga. Ils étaient spécifiquement attirés par les arbres fruitiers tels que Vittelaria paradoxa C. F. Gaertn (Sapotaceae) et Parkia biglobosa (Jacq.) R. Br. ex G. Don (Mimosaceae) qui sont courants dans les champs hors du ranch (Damiba et Ables, 1993). Un

142

phénomène similaire a été rapporté par Tehou et Sinsin (2000) dans le Djoma au Bénin.

La composition floristique du ranch est pauvre en certaines espèces végétales recherchées par les éléphants (Hien, 2001 ; Ouédraogo, 2005). Bien que *Vittelaria paradoxa* et *Parkia biglobosa* soient présentes à l'intérieur du ranch, leurs densités y sont faibles par rapport à l'extérieur. A l'intérieur, les singes récoltent leurs fruits avant qu'ils ne murissent. Par contre, il y a peu de singes à l'extérieur, parce qu'ils y sont abattus par les habitants des villages riverains. Ainsi, les éléphants peuvent facilement trouver des fruits mûrs en cet endroit.

Nos travaux dans le gourma mali montrent comment les éléphants et les animaux domestiques utilisent l'habitat sahélien de la mare de Benzena en fin de saison sèche (Barnes *et al.*, 2006a). Dans la sous région ouest africaine, la fragmentation et restriction des populations d'éléphants du fait de la compétition pour l'espace pourrait résulter en des associations imprévisibles entre les hommes et les éléphants. Le changement inattendu de la distribution des éléphants à l'intérieur du ranch et les changements de pression de broutage consécutifs sont probablement dus à l'expansion des activités humaines, à la forte abondance des greniers à céréales et celle de certains fruits à l'extérieur. L'expansion de la population

143

rurale et des villages va continuer à l'extérieur. Par conséquent, les mouvements des éléphants dans le ranch seront continuellement affectés. Cependant, il arrivera un moment où les perturbations humaines croissantes vont surpasser les attraits des greniers et arbres fruitiers et dissuader les éléphants à quitter le ranch pendant la saison sèche. Avec beaucoup de jeunes hommes vivant autour du ranch, le braconnage va augmenter au cours des mois pendant lesquels ils ne sont pas occupés pour les labours. En saison pluvieuse, les nouveaux champs (dont les surfaces continuent d'augmenter) vont rendre le paysage plus attractif et conduire à plus de plaintes de dégâts de cultures (Barnes, 2002 ; Boafo *et al.*, 2004).

4.3. AUTO CORRELATION SPATIALE

Il y avait peu de différences entre les modèles SAR et CAR qui ont été ajustés pour l'autocorrélation spatiale. De plus, leurs coefficients de régression et erreurs standards étaient similaires aux estimations obtenues avec les modèles des OLS pour toutes les trois saisons. Bien qu'il soit nécessaire d'ajuster pour l'autocorrélation spatiale (Diniz-Filho *et al.*, 2003 ; Hawkins *et al.*, 2007 ; Kissling et Carl, 2008), dans notre cas un tel ajustement n'a engendré aucune différence à l'interprétation des modèles. Ceci est un résultat très important parce qu'il montre que l'autocorrélation spatiale ne serait pas une complication pour les études d'éléphants à Nazinga tant que les transects sont à des intervalles d'au moins 4 km les uns des autres.

5. IMPACT DES ELEPHANTS SUR LA VEGETATION LIGNEUSE DU RANCH DE GIBIER DE NAZINGA

5.1. ESPECES VEGETALES FORTEMENT ENDOMMAGEES PAR LES ELEPHANTS

Pour toutes les espèces, la densité initiale des arbres et arbustes et la densité des éléphants (exprimée en densité de déjections) ont expliqué une forte proportion de la variance des densités d'arbres et arbustes endommagés : plus de la moitié des variances pour trois espèces. Avec la densité actuelle des éléphants, nous pouvons nous attendre à de grands changements chez les espèces ligneuses du ranch de Nazinga. En particulier, la cohorte de *Acacia gourmaensis* est susceptible de disparaître presque totalement dans quelques années, tandis que les cohortes de *Vitellaria paradoxa* et *Maytenus senegalensis* seront probablement réduites en nombre de façon dramatique.

5.2. ACTION DU FEU

Yaméogo (2005) et Ouédraogo (2005) discutent largement l'influence du feu sur la végétation à Nazinga. Il a un effet destructif sur la végétation ligneuse surtout chez les arbustes et les jeunes plantes. Nous avons été surpris du fait que le feu ne soit pas une variable explicative significative pour la mortalité des arbres et arbustes à Nazinga. L'explication résidait dans le fait que la plupart des transects était brulée intensément : la surface moyenne de chaque transect brulé excédait 90%. Le manque de variation d'intensité de brûlis entre transects signifie que les effets de cette variable ne pouvaient pas être estimés, bien qu'elle soit clairement importante. Du reste, Laws *et al.* (1975), Dublin *et al.* (1990) et Shannon *et al.* (2008) ont montré que partout où les feux sont fréquents, le taux de déclin pourrait être élevé du fait des effets combinés des éléphants, du feu, de la sécheresse et des maladies. Pour plusieurs années maintenant, le ranch s'est doté d'un plan de brûlis sur la base de feux précoces qui sont appliqués chaque année. Normalement, cela réduit les effets des feux sur la végétation (Yaméogo, 1999 ; 2005). En cela, les effets de broutage de la végétation par les éléphants sont vus comme étant le facteur majeur de mortalité de la végétation ligneuse dans le ranch parce qu'ils rendent la plupart des arbres et arbustes vulnérables au feu, en l'occurrence les individus des jeunes classes d'âge. Dans la zone

146

totalement protégée du campement touristique qui est aussi un point de concentration des éléphants en fin de saison sèche, les effets de broutage des éléphants ont conduit à la disparition complète du genre *Acacia* (Naman Néti, *comm. pers.*). Hien (2001) a noté une grande dominance des *Combretaceae* dans cette zone. Il explique ce faite par la grande résistance des espèces de cette famille et de leur moindre intérêt alimentaire pour l'éléphant.

5.3. TENDANCES DES POPULATIONS DES ARBRES

Cette étude a permis de faire des prédictions par rapport à la cohorte d'arbres adultes que nous avons mesurée dans les transects, pour chaque espèce végétale. Elle ne prétend donc pas avoir fait une description exacte des tendances des populations des arbres et arbustes de ces espèces. En réalité, la population future est constituée par la cohorte énumérée dans cette étude plus les nouveaux arbres et arbustes qui auront poussé à partir de la couche de régénération. L'étude de la régénération et du taux de survit des jeunes pousses était au delà des ressources de notre étude. Ouédraogo (2005) a soutenu qu'à Nazinga, il y avait une importante régénération dans la strate d'arbres inferieure à 1 m de hauteur comparativement aux strates supérieures qui présentaient des densités d'arbres relativement faibles. Les éléphants consomment préférentiellement les jeunes pousses d'arbre pendant les mois

147

secs. Dans le Parc National de Bwindi en Ouganda, Babaasa (2000) a trouvé qu'au cours de telles périodes, ils préféraient consommer les jeunes repousses de bambou. A Ruaha en Tanzanie, Barnes (1983) a reporté plusieurs régénérations en fin de saison pluvieuse. Mais il précise qu'au cours de la saison sèche, elles étaient totalement consommées par les éléphants ou détruites par le feu, de sorte qu'en fin de saison sèche il n'en reste plus rien. Les arbres adultes étaient entrain d'être tués par les éléphants mais la régénération était nulle. C'est probablement les mêmes phénomènes qui se passent à Nazinga où la combinaison des intenses brûlis de saison sèche, les pâtures des grandes populations d'ongulés et les fortes densités des populations d'éléphants sont susceptibles d'empêcher une régénération fructueuse. Même 20 ans plus tôt, quand la densité des éléphants était bien moindre qu'aujourd'hui, il y avait peu de régénération à Nazinga (Jachmann et Croes, 1991).

5.4. LES IMPLICATIONS POUR L'AMENAGEMENT DU RGN

L'éléphant joue un rôle écologique immense dans l'écosystème (Western, 1989). Le nombre élevé d'éléphants dégrade la végétation au détriment d'autres espèces (Buechner et Dawkin, 1961 ; Laws, 1970 ; Caughley, 1976). Cela peut réduire la fertilité et le taux de croissance des animaux (Laws & Parker, 1968).

Cumming *et al.* (1997) ont montré que là où les éléphants ont existé en forte densité (>0,5 par km^2) pour plus d'une décennie, la structure de la savane boisée change de façon remarquable. La diversité des arbres de la canopée et celle des oiseaux et insectes qui en dépendent pourraient être réduites. Entre 1976 et 1982 la forte densité d'éléphants a causé un rapide et sévère changement écologique de la végétation ligneuse du Parc National de Ruaha en Tanzanie (Barnes, 1980 ; Barnes, 1985). Un décalage de la végétation herbeuse va rendre le sol vulnérable aux intempéries environnementales telles que l'érosion. De plus, les effets des feux de brousse sur les sols et les êtres vivants seront amplifiés. Cela va inévitablement affecter les lits des rivières et compromettre l'approvisionnement en eau du ranch. Les rôles joués par ces plantes dans la fourniture d'ombre durant les mois les plus chauds de l'année seront affectés. De même, les approvisionnements en nourriture (comme les fruits qui sont consommés par les éléphants et d'autres mammifères) et en nutriments des sols pendant la période de croissance de la saison humide, seront aussi affectés.

Ouédraogo (2005) rappelle qu'après 25 ans de protection, la savane arbustive claire occupe l'essentiel de la superficie du RGN. Les zones de faible couverture végétale sont localisées principalement dans les habitats de forte densité d'éléphants pendant la saison sèche (Jachmann et Croes, 1991 ; Hien, 2001).

Dans ces zones fortement perturbées par les éléphants, il se produit un développement de *combretaceae* qui résistent mieux au feu et répondent à l'action des éléphants par la multiplication des tiges (Hien, 2001). Jachmann et Croes (1991) ont soutenu que la densité des éléphants du ranch ne doit pas excéder 0,6 éléphants/km^2 de sorte à éviter les changements majeurs de la densité des plantes ligneuses et la composition des espèces ligneuses qui aboutiront plus probablement à un décalage de la composition des espèces de grands ongulés du ranch.

Selon Owen-Smith *et al.* (2006) et van Aarde et Jackson (2007) le traitement efficace d'un tel phénomène nécessite que l'on se focalise sur la restauration des forces qui limitent le nombre des éléphants et modèrent leur impact sur la végétation, dans les conditions naturelles. A ce titre, Ben-Shahar (1996) n'a trouvé aucune évidence qu'une augmentation considérable du nombre d'éléphants réduisait la biomasse de la savane du Mapane en dessous du niveau soutenu à l'échelle régionale du nord Botswana. Il a conclu que les prélèvements comme moyens pour prévenir les pertes d'espaces boisés étaient peu probables de satisfaire les objectifs escomptés.

Les échanges génétiques sont nécessaires pour assurer la résilience des espèces aux changements climatiques et aux modifications du milieu. Pour plusieurs années, les aires protégées de l'écosystème transfrontalier du Nakambé sont restées discontinuent et les populations animales fragmentées et isolées. L'on sait aujourd'hui que pour protéger l'éléphant de l'Afrique de l'ouest, il est nécessaire de restaurer ses corridors de migration (Sebogo et Barnes 2003 ; Hamerlynck et Borrini-Feyerabend, 2004 ; Adjewodah *et al.*, 2006 ; Barnes *et al.*, 2006b). A ce titre, l'Union Mondiale pour la Nature (UICN) a pris l'initiative de consolider d'importantes aires protégées au Burkina Faso, en Côte d'Ivoire, au Ghana et au Mali en une série d'écosystèmes transfrontaliers connectés en réseaux aptes à garantir la survie et même l'épanouissement d'espèces actuellement menacées. Ces écosystèmes comprennent le Gourma Sahel, la Haute Comoé et le Nakambé (Sebogo et Barnes 2003 ; Hamerlynck et Borrini-Feyerabend, 2004). L'initiative préconise un renforcement de la concertation entre les principaux acteurs et la mise en cohérence des approches et l'expérimentation d'actions concertées. Dans l'écosystème du Nakambé des corridors de migration reliant Nazinga aux autres aires protégées ont pu être négociés dans le cadre des projets PAGEN (Partenariat pour l'Amélioration de la Gestion des Ecosystèmes Naturels) du Burkina Faso et NSBCP (*The Northen Savanna Biodiversity Conservation Project*) du Ghana (Adjewodah *et al.*, 2006 ; Barnes *et al.*, 2006b). Un accord de gestion transfrontalière de cet écosystème est maintenant signé

151

entre ces deux pays (Seynou O., *comm. pers.*). Ce projet de sécurisation des corridors de migration vers le PNKT et dans la vallée du Nazinon (Volta rouge) et aussi vers le sud dans la vallée de la Sissili, s'il est efficace, va permettre aux éléphants de migrer et de s'éloigner du RGN. Cela va réduire la pression sur la végétation ligneuse. Les larges limites de confiance des prédictions font qu'il est difficile de tester les effets des variations de densité d'éléphants sur les arbres, au moins dans le court terme. Si les éléphants s'éloignent, alors dans le long terme les zones du ranch fortement impactées vont se reconstituer et les années de fortes densités d'éléphants seront vues comme une perturbation écologique qui aura augmenté la diversité (Owen-Smith, 2006).

Aujourd'hui, les ligneux du ranch continuent de décroître et la savane boisée est entrain d'être transformée en un habitat de savane claire. Une question importante pour les gestionnaires du ranch et les communautés riveraines est : comment les larges populations d'herbivores et les récoltes de viande vont être affectées ?

L'ouverture de la végétation ligneuse à Nazinga favorise le développement des herbacés (Ouédraogo, 2005). Les brouteurs tels que le guib-harnaché et le céphalophe de grimm pourraient alors décroître. De toute façon, leur contribution à la récolte de viande est peu susceptible d'être énorme. Par contre un tel changement de la végétation est susceptible de profiter aux grandes antilopes qui sont aussi des paisceurs. Une augmentation des populations des grandes antilopes pourrait peut être offrir une plus grande opportunité de récolte de viande à Nazinga. Ainsi, la tendance de la végétation ligneuse à Nazinga est susceptible de profiter aux communautés des villages riverains. D'autre part, les hippotragues sont aussi des paisceurs (Kingdon, 1997). A Nazinga, l'on sait qu'ils broutent largement certaines espèces en saison sèche, spécifiquement les légumineuses qui ont produit de nouvelles feuilles et qui sont en floraison à cette période (Shuette *et al.*, 1998). Selon Campbell et Borner (1995), le nombre ces antilopes a diminué par suite de la régression de la savane à *Combretum* dans le Serengeti en Tanzanie. Ces auteurs soutiennent ainsi que les changements de la végétation combinés avec les feux de début de saison sèche peuvent réduire l'habilité de ces antilopes à compétir avec les autres herbivores.

5.5. CONTRAINTES

Une limitation majeure de cette étude était le manque d'information sur le temps pendant lequel un arbre endommagé reste visible, c'est à dire la longueur de chaque unité de temps. Cela va varier d'une espèce à l'autre puis avec la taille de l'arbre et la fréquence des feux. Cette variable pourrait seulement être estimée en observant un grand échantillon d'arbres endommagés et marqués sur plusieurs années. Pour nos analyses, le taux de déclin de chaque espèce pouvait être exprimé seulement en termes d'étapes d'unités de temps.

Une autre limitation est la large limite de confiance de prédictions pour chaque espèce. Ici, nous avions 54 transects distribués à travers le site d'étude, et l'arbre le plus couramment endommagé (*Vitellaria paradoxa*) a été enregistré sur 40 d'entre eux. Dans le souci de réduire la taille de l'intervalle de confiance, un très large échantillon serait nécessaire pour assurer que chaque espèce est récoltée sur un grand nombre de transects.

CONCLUSION GENERALE ET PERSPECTIVES

1. CONCLUSION GENERALE

De nombreux efforts ont été consentis à la réalisation d'inventaires écologiques dans le Ranch de Gibier de Nazinga. Plusieurs études portant sur l'éléphant et les grands mammifères y ont été effectuées. Mais pour beaucoup, les stratégies d'échantillonnage ou de comptage ont été basées sur des observations directes. Ainsi, les estimations ont donné des intervalles de confiance souvent trop élevés et compromis toute possibilité objective d'appréhender les tendances des effectifs des populations. Bien sûr, ce fut une bonne idée d'appliquer la nouvelle méthode d'échantillonnage de DISTANCE à Nazinga. Du reste, elle donnerait de meilleures estimations par rapport à la vieille méthode de comptage par bande, dans le cas d'un inventaire direct. Cependant, que l'on ait utilisé la méthode des transects linéaires ou celle des transects en bande pour compter les éléphants et les autres grands mammifères des savanes ouest africaines, les problèmes d'observation d'un faible nombre d'animaux , de déplacement des animaux loin de la ligne de marche ou hors du champ de vision se poseront toujours.

Ainsi à Nazinga, les aménagistes sont confrontés à une non exploitabilité efficace des résultats des inventaires pédestres directs qu'ils organisent chaque année. Certains pensent que ce problème serait entièrement lié à la faible performance des analyses et/ou une mauvaise interprétation des résultats par les auteurs des rapports d'inventaires émis. En général, les analyses sont basées sur des modèles mathématiques robustes permettant toujours des estimations statistiquement éprouvées et comparables même lorsque différents estimateurs statistiques sont utilisés. En revanche, l'on ne doit jamais perdre de vue le rôle capital que joue le plan d'échantillonnage dans un inventaire. Le problème majeur des inventaires pédestres à Nazinga est plus lié à l'inadéquation du plan d'échantillonnage qu'aux résultats des analyses et leurs interprétations.

Les méthodes de comptage totale par avion sont trop couteuses et hors des possibilités financières et techniques du ranch. La méthode de comptage total à pied est applicable seulement sur les petites surfaces et dans le cas où les troupeaux sont petits et regroupés. La méthode d'inventaire pédestre directe sur transect appliqué chaque année à Nazinga ne permet pas d'obtenir suffisamment d'observations pour l'application rigoureuse des hypothèses et analyses statistiques. De tels protocoles d'études utilisant le contact direct avec les animaux sont susceptibles

156

d'engendrer des estimations biaisées du fait du comportement des animaux. Par exemple, cette méthode de transect en ligne suppose que les mesures de distances perpendiculaires sont effectuées par rapport à la position initiale des animaux observés. Mais, cette condition est difficilement respectable sur le terrain. Certains animaux ne sont observés que lorsqu'ils sont en déplacement. Par ailleurs, le contact physique avec les animaux et la nécessité de rester en contact avec le groupe animal pendant un temps suffisamment long pour permettre de collecter les données nécessaires, impliquent toujours un risque personnel pour les observateurs.

Nos résultats des inventaires de déjections n'ont pas montré de différence significative des effectifs des populations d'éléphants (exprimées en populations de déjections) entre 2007 et 2008. Les éléphants ont montré une distribution groupée en toute saison. Ils ont présenté des distributions spatiales saisonnières différentes avec un degré d'agrégation plus important en saison sèche. Ces distributions étaient influencées aussi bien par des facteurs environnementaux à l'intérieur du ranch (incluant l'eau et les activités de chasse légale et illégale) que par des facteurs environnementaux externes (liés aux villages riverains). En saison sèche, les éléphants étaient principalement regroupés dans la moitié supérieure du ranch. Les principaux facteurs qui déterminaient les distributions en cette période étaient : l'eau, la chasse légale et illégale et les arbres fruitiers des champs des villages alentours. En saison pluvieuse, ils étaient légèrement décalés vers les zones sécurisées avec comme principaux facteurs déterminants le braconnage et les intenses activités de protection des champs. Les distributions saisonnières ont varié selon les conditions de l'année et ont montré un changement significatif par rapport aux distributions décrites par Jachmann et Croes (1991). De tels changements des distributions et abondances indiquent ainsi un changement de la pression de broutage des éléphants sur la végétation du ranch. Les gestionnaires du ranch soutiennent que les populations d'éléphants du ranch ont augmenté ces dernières années. Cette étude confirme que leurs pressions de broutage sur la végétation sont entrain de faire régresser la population de la végétation ligneuse du ranch, particulièrement à certains endroits de concentration des éléphants en fin de saison sèche.

Il y avait une utilisation différentielle de la végétation selon les espèces, par les éléphants à Nazinga. Le mode de broutage des éléphants sur la végétation variait avec la densité et l'espèce des arbres qu'ils consommaient. Les huit espèces végétales les plus endommagées étaient par ordre d'importance: *Vittelaria paradoxa* C. F. Gaertn (Sapotaceae), *Acacia dudgeoni* Craib. ex Holl. (Mimosaceae), *Acacia gourmaensis* A. Chev. (Mimosaceae),

Detarium microcarpum Guill. et Perr. (Caesalpiniaceae), *Terminalia laxiflora* Engl. & Diels (Combretaceae), *Maytenus senegalensis* (Lam.) Exell. (Celastraceae), *Piliostigma thonningii* (Schumach.) Milne-Redh. (Caesalpiniaceae) et *Combretum glutinosum* Perr. ex DC. (Combretaceae). L'absence de données précises sur la régénération et la durée de survie d'un arbre mort à Nazinga, ne nous a pas permis une interprétation rigoureuse des tendances évolutives de la population des arbres et arbustes du ranch. En revanche, les modèles simulant les tendances des populations d'arbres et arbustes du fait des variations de la population d'éléphants, ont montré une régression significative des effectifs de populations chez toutes les espèces. D'autre part, les modèles de simulations stochastiques ont prédit de larges changements des populations ligneuses dans des conditions d'une augmentation ou une diminution de moitiée, de la population d'éléphants du ranch. De ces huit espèces les plus endommagées, l'impact de moindre mesure était enregistré chez *Acacia dudgeoni*.

L'action du feu n'a pu être testée, mais avec le plan de brûlis précoce en vigueur au ranch, le facteur de mortalité primaire qui rendrait les plantes vulnérables au feu est lié à l'action de broutage des éléphants.

Les principales implications de telles variations écologiques dans l'aménagement du ranch pourraient concerner une éventuelle augmentation des revenus des populations riveraines par le biais d'une augmentation des récoltes cynégétiques (principale forme de valorisation de faune à Nazinga), du fait de l'augmentation de la population des grands ongulés. D'autre part, le développement des villages et l'augmentation de la population humaine autour du ranch va continuer et les positions des éléphants vers les villages vont engendrer des taux de conflits croissants avec les riverains surtout pendant la saison sèche quand les champs ne sont plus gardés.

Le nombre croissant de la population des éléphants de l'Afrique de l'Ouest à éveillé les préoccupations en relation avec les conflits avec les communautés locales depuis la dernière décennie. Quelquefois leur rôle écologique immense est caché des aménagistes vis-à-vis de la dimension sociale de certains dégâts qu'ils causent aux populations locales.

Les conclusions de cette étude pourraient stimuler le défi de la conservation sous-régionale des éléphants. Aussi, nous permettent-elles de formuler quelques perspectives et recommandations majeures.

2. PERSPECTIVES ET RECOMMANDATIONS

2.1. CONSERVATION DES ECOSYSTEMES

Les communautés riveraines de Nazinga bénéficient du ranch et de la chasse contrôlée qui y est pratiquée. Cependant, elles sont affectées par les attaques aux cultures engendrées par les éléphants qui à leur tour subissent les influences de ces communautés. Il est clair qu'avec le changement rapide du paysage en cours à l'extérieur du ranch, les recherches futures devront être dirigées vers la compréhension des relations écologiques entre la faune et l'Homme aussi bien à l'intérieur qu'à l'extérieur du ranch.

Nazinga abrite l'une des populations d'éléphants de savane les plus importantes de la sous-région. De ce fait, la mortalité d'arbres due aux éléphants sera forte et facilement notable sur ce site aussi bien que les autres sites similaires dans la sous-région. Il s'agit là d'un changement écologique majeur qui est aujourd'hui plus accéléré qu'il ne l'était de par le passé, parce que les éléphants sont entrain d'être confinés dans des espaces réduits. Le traitement efficace du phénomène nécessite que l'on se focalise sur la restauration des forces qui limitent le nombre des éléphants et modèrent leur impact sur la végétation, dans les conditions naturelles.

Nazinga est un fragment d'une entité écologique transfrontalière constituée principalement du Parc National Kabore Tambi, du Ranch de Gibier de Nazinga, de la forêt classée de la Sissili et du Parc National de Mole au Ghana. Historiquement les éléphants se déplaçaient librement dans toute cette entité. Aujourd'hui, leur distribution est discontinue dans la zone à cause des installations humaines.

Le "problème éléphant" de Nazinga doit être abordé suivant une approche écosystémique utilisant la dispersion comme un processus pour modérer la densité des éléphants dans le temps et dans l'espace. L'approche métapopulation de van Aarde et Jackson à une échelle locale est applicable à l'entité écologique incluant le ranch et ses zones de conservation voisines. Les éléphants vont certainement migrer dans les habitats inhabités de l'entité si les initiatives de corridors de migrations soutenues par l'IUCN sont effectives et opérationnelles entre les aires de conservation. Encore faut-il que la protection et les bonnes conditions d'habitat (en particulier l'approvisionnement en eau) soient assurées dans chacune des aires de conservation constituant l'entité.

162

2.2. LE MONITORING ECOLOGIQUE

Notre étude ne permettait pas de décrire avec exactitude les tendances des populations des arbres et arbustes pour chaque espèce ligneuse. Pour prédire les tendances de chaque population, l'on a normalement besoin de données aussi bien sur le taux de régénération que sur le taux de survie des jeunes pousses. Cependant, ceci était au delà des ressources de notre projet et nous suggérons qu'il puisse être abordé dans les études futures.

Nous avons anticipé par nos analyses de prédictions qu'à Nazinga, la population de certains grands mammifères va s'accroitre en réponse au changement de la végétation. Pour suivre une telle perspective, les aménagistes du ranch ont besoin de savoir si ces populations sont entrain de changer. De 1985 à 2008, au total 22 recensements pédestres de la faune ont été organisés et exécutés par l'administration de Nazinga. C'est-à-dire qu'un inventaire pédestre a pu être organisé chaque année à l'exception des années 1990 et 1999 où cette activité n'a pas pu être exécutée. Pour toutes ces années d'effort, seulement trois estimations (2005, 2007 et 2008) de l'effectif des populations d'éléphants ont pu être calculées avec toutefois des degrés de précisions relativement très faibles. En effet, malgré un effort de marche de plus de 600 km de transect lors des inventaires généraux de faune à Nazinga, les nombres d'observations de groupes d'éléphants sont restés toujours très faibles pour justifier des calculs d'estimations des effectifs des populations. S'il avait été possible de faire des inventaires de déjections au cours des ces années, l'on aurait observé chaque fois plusieurs déjections. Même quand les animaux sont à faible densité, il y a toujours la chance de collecter des déjections dans les transects terrestres, particulièrement en saison sèche quand le taux de dégradation des déjections est nul. Le comptage des déjections apporte aux biologistes beaucoup plus de données utilisables dans les analyses des distributions animales.

Le comptage direct ne permettra pas de détecter les changements de la population. Pour ce fait, nous suggérons l'adoption de la méthode de comptage des déjections. Il est nécessaire de suivre l'influence de la végétation sur la population des grands mammifères du ranch. Nous recommandons qu'il soit institué un comptage annuel des déjections de toutes les espèces animales d'intérêt et non seulement celles des éléphants. Une fois que l'on a établit les transects, ils peuvent être inventoriés chaque année. Si l'on suit la même zone, alors il n'est pas de besoin de convertir les estimations des densités de déjections en estimations de densités animales. L'on note simplement la date d'exécution de chaque transect (et alors le temps écoulé depuis la fin de la saison pluvieuse). En prenant en compte la date, l'on peut faire des comparaisons directes des densités de déjections entre les années et ainsi détecter les changements de nombre et de distribution des animaux.

Les conclusions de cette étude se fondent sur le cas spécifique du Ranch de Gibier de Nazinga. Cependant, les argumentaires développés sont applicables à tous les habitats de savanes à travers la sous région ouest-africaine. Elle s'applique aussi bien aux aires modestes qu'aux aires de grandes tailles. Ainsi, dans la perspective d'un suivi écologique efficace, les analyses méthodologiques de notre étude consacrent l'utilisation des mesures de déjections comme un moyen efficace pour apprécier les abondances, les tendances et les distributions des populations d'éléphants des habitats des savanes ouest-africaines. C'est une méthode de collecte des données qui est financièrement peu contraignante et très simple. Elle n'est pas difficile à comprendre par les agents de terrain. Dans les conditions de ressources humaines limitées de l'Afrique de l'Ouest, les agents forestiers peuvent être facilement formés pour l'appliquer de sorte à assurer le monitoring continu des populations d'éléphants de savane, de la sous-région. Cette approche offre aussi l'immense avantage que ces agents pourront ainsi sillonner toutes les parties de leur aire de conservation et découvrir les transformations ou perturbations qui s'y passent.

Par ailleurs, beaucoup d'aménagistes de la faune sont sceptiques par rapport à la validité de la méthode des déjections en générale. Nous suggérons que la validité du cette méthode pour le monitoring des grands herbivores des habitats ouverts soit testée sur les sites de conservation de grande étendue qui disposent déjà d'un programme de monitoring bien établi.

REFERENCES BIBLIOGRAPHIQUES

1. THESES DE DOCTORAT, MEMOIRES DE D.E.A. ET ARTICLES PUBLIES DANS DES REVUES SCIENTIFIQUES

BABAASA , D. 2000. Habitat selection by elephants in Bwindi Impenetrable National Park, south-western Uganda. *East African Wild Life Society, African Journal of Ecology.* **38**, 116-122.

BARNES, R.F.W. 1980. The decline of the baobab tree in Ruaha National Park, Tazania. *African Journal of Ecology* **18**, 243-252.

BARNES, R.F.W. 1983. Effect of elephant browsing on woodlands in a Tanzanian national park: measurements, models and management. *Journal of Applied Ecology* **20**, 521-540.

BARNES, R.F.W. 1985. Woodland changes in Ruaha National Park (Tanzania) between 1976 and 1982. *African Journal of Ecology* **23**, 215-221.

BARNES, R.F.W., 1993. Indirect methods for counting elephants in forest. *Pachyderm* **16**, 24-30.

BARNES, R.F.W. 1999. Is there a future for elephants in West Africa? Mammal Review **29**, 175-199.

BARNES, R.F.W. 2002. The problem of precision and trend detection posed by small elephant populations in West Africa. *African Journal of Ecology* **40**, 179-185.

BARNES, R.F.W., BARNES, K.L., ALERS, M.P.T., BLOM, A. 1991. Man determines the distribution of elephants in the rainforests of north-eastern Gabon. *African Journal of Ecology* **29**, 54-63.

BARNES, R.F.W., BARNES, K.L., KAPELA, E.B. 1994. The long-term impact of elephant browsing on baobab trees at Msembe, Ruaha National Park, Tanzania. *African Journal of Ecology* **32**, 177-184.

BARNES, R.F.W., BEARDSLEY, K., MICHELMORE, F., BARNES, K.L., ALERS, M.P.T., BLOM, A. 1997. Estimating forest elephant numbers with dung counts and a Geographic Information System. *Journal of Wildlife Management* **61** (4), 1384-1393.

BARNES, R.F.W., HEMA, M.E., DOUMBIA, E. 2006a. Distribution des éléphants autour d'une mare sahélienne en relation avec le cheptel domestique et la végétation ligneuse. *Pachyderm* **40**, 33-41.

BARNES, R.F.W., HEMA, M.E., NANDJUI, A., MANFORD, M., DUBIURE, U.-F., DANQUAH, E., BOAFO, Y. 2005. Risk of crop raiding by elephants around the Kakum Conservation Area, Ghana. *Pachyderm* **39**, 19-25.

BARNES, R.F.W., JENSEN, K.L. 1987. How to count elephants in forests. *IUCN African Elephant and Rhino Specialist Group, Technical Bulletin* **15**, 1-6.

BELEMSOBGO, U. 1995. Le modèle "Nazinga": réussite technique et incertitudes sociales. *Le Flamboyant* **35**, 22-27.

BEN-SHAHAR, R. 1996. Do elephants over-utilize mopane woodlands in northern Bostwana? *Journal of Tropical Ecology* **12**, 505-515.

BOAFO, Y., DUBIURE, U.-F., DANQUAH, E.K.A., MANFORD, M., NANDJUI, A., HEMA, E.M., BARNES, R.F.W., BAILEY, B. 2004. Long-term management of crop-raiding by elephants around the Kakum Conservation Area in southern Ghana. *Pachyderm* **37**: 68-72.

BOAFO, Y., MANFORD, M., BARNES, R.F.W., HEMA, M.E., DANQUAH, E., NANDJUI, A., DUBIURE, U.F. 2009. Comparison of two dung count metods for estimating elephant numbers at Kakum Conservation Area in Southern Ghana; *Pachyderm* **45**:34-40.

BOUCHE, P., Lungren, G.C. 2004. Les petites populations d'éléphants du Burkina Faso. Statut, distribution et déplacement. *Pachyderm* **37**:85-91.

BOUSQUET, B. 1984. *Méthodes et résultats des inventaires de grands mammifères en vue de leur gestion rationnelle en Haute-Volta.* Thèse de Doctorat. Université des Sciences et Techniques de Langue doc, Montpellier. 249 p.

BUCKLAND, S.T., PLUMPTRE, A.J., THOMAS, L., REXSTAD, E.A. 2010. Line Transect Sampling of Primates: Can Animal-to-Observer Distance Methods Work? *International Journal of Primatologist* **31**, 485-499.

BUECHNER, H.K., DAWKINS, H.C. 1961. Vegetation changed induced by elephants and fire in Murchison Falls National Park, Uganda. *Ecology* **42**, 752-766.

BURNHAM, K.P., ANDERSON, D.R., LAAKE, J.L. 1980. Estimation of density from line transect sampling of biological populations. *Wildlife Monographs* **72**, 1-201.

BURNHAM, K.P., ANDERSON, D.R. 1976. Mathematical models for non-parametric inferencies from line transects data. *Biometrics* **32**, 1248-1254.

CAUGHLEY, G. 1976. The elephant problem - an alternative hypothesis. *East African Wildlife Journal* **14**, 265-283.

CHASE, M., GRIFFIN, C. 2009. Seasonal Abundance and distribution of Elephants in Sioma Ngwezi National Park, Southwest Zambia. *Pachyderm* **45**, 88-97.

COMSTOCK, K.E, GEORGIADIS, N., PECON-SLATTERY, J., ROCA, A.L., OSTRANDER, E.A., O'BRIEN, S.J., WASSER, S.K. 2002. Patterns of molecular genetic variation among African elephant populations. *Molecular Ecology* **11** (12), 2489-2498.

CORNELIS, D. 2000. *Analyse du monitoring écologique et cynégétique des populations d'ongulés au Ranch de Gibier de Nazinga*. Mémoire de DEA ; Faculté des Sciences Agronomiques de Gembloux. 113 p.

CUMMING, D.H.M., BROCK FENTON, M., RAUTENBACH, I.L., TAYLOR, R.D., CUMMING, G.S., CUMMING, M.S., DUNLOP, J.M., GAVIN FORD, A., HOVORKA, M.D., JOHNSTON, D.S., KAICOUNIS, M., MAHLANGU, Z., PORTFORS, C.V.R. 1997. Elephants, woodlands and biodiversity in southern Africa. *South Africa Journal of Science* **93**, 231-236.

DAMIBA, T.E., ABLES, E.D. 1993. Promising future for an elephant population – a case study in Burkina Faso, West Africa. *Oryx* **27**, 97-103.

DAMIBA, T.E., ABLES, E.D. 1994. Population characteristics and impacts on woody vegetation of elephants on Nazinga Game Ranch, Burkina Faso. *Pachyderm* **18**, 46-53.

DEBRUYNE, R. 2005. A case study of apparent conflict between molecular phylogenetics : the interrelationships of African elephants. *Cladistics* **21** (1), 31-50.

DEBRUYNE, R., BARRIEL, V., TASSY, P. 2003. Mitochondrial cytochrome b of the Lyakhov mammoth (Proboscidea, Mammalia): new data and phylogenetic analyses of Elephantidae. *Molecular Phylogenetics and Evolution* **26** (3), 421-434.

172

DELBENE, R. 2001. *Protezione delle risorse naturali con particolare attenzione alla conservazione del suolo (caso di Nazinga-Burkina Faso)*. Tesi di laurea, università di Torino, facoltà di agrarian, corso di laurea in scienze forestali ed ambientali. 87 p.

DINIZ-FILHO, J.A.F., BINI, L.M., HAWKINS, B.A. 2003. Spatial autocorrelation and red herrings in geographical ecology. *Global Ecology and Biogeography* **12**, 53-64.

DOUGLAS-HAMILTON, I. 1973. On the ecology and behaviour of the Lake Manyara elephants. *East African Wildlife Journal* **11**, 401-403.

DUBLIN, H.T., SINCLAIR, A.R.E., McGLADE, J. 1990. Elephants and fire as causes of multiple stables states in the Serengeti-Mara woodlands. *Journal of Animal Ecology* **59**, 1147-1164.

DUDLEY, J., MENSAH-NTIAMOAH, A.Y., KPELLE, D.G. 1992. Forest Elephants in a rainforest fragment: preliminary findings from a wildlife conservation project in southern Ghana. *African Journal of Ecology* **30** (2), 116-126.

EGGERT, L.S., RASNER, C.A., WOODRUFF, D.S. 2002. The evolution and phylogeography of the African Elephant inferred from mitochondrial DNA sequence and nuclear microsatellite markers. *Proceedings of The Royal Society Series B* **269**, 1993-2006.

GAUGRIS, J.Y., VAN ROOYEN, M.W. 2010. Effects of water dependence on the utilization pattern of woody vegetation by elephants in the Tembe Elephant Park, Maputaland. South Africa. *African Journal of Ecology* **48**, 126-134.

GRUBB, P., GROVES, C.P., DUDLEY, J.P., SHOSHANI, J. 2000. Living African elephants belong to two species: *Loxodonta africana* (Blumenbach 1797) and *Loxodonta cyclotis* (Matschie, 1900). *Elephant* **2**, 1-4.

GUINKO, S. 1984. *Végétation de la Haute-Volta*. Thèse d'Etat, Sciences Naturelles ; Université de Bordeaux. 318 p.

GUINKO, S. 1985. Contribution à l'étude de la végétation et de la flore du Burkina Faso (ex Haute-Volta). Les territoires phytogeographiques. *Bulletin de l'I.F.A.N.* **46** (A), 1-16.

HAWKINS, B.A., DINIZ-FILHO, J.A., BINI, L.M., DE MARCO, P., BLACKBURN, T.M. 2007. Red herrings revisited: spatial autocorrelation and parameter estimation in geographical ecology. *Ecography* **30**, 375-384.

HEISTERBERG, J.F. 1977. *Flora and fauna of Pô National Parc, Upper Volta, West Africa*. Thesis, Faculty of Purdue University. 132 p.

HIEN, B. 2003. Les éléphants du Ranch de Gibier de Nazinga (Burkina Faso): données passées, situation actuelle, perspectives de conservation. *Pachyderm* **35**, 43-52.

HIEN, M. 2001. *Etudes des déplacements des éléphants, liens avec leur alimentation et la disponibilité alimentaire dans le Ranch de Gibier de Nazinga, Province du Nahouri, Burkina Faso*. Thèse de Doctorat ; Université de Ouagadougou ; Burkina Faso. 136 p.

HIEN, M., BOUSSIM, I.J., GUINKO, S. 2000. éléphants et dissémination des graines de quelques espèces végétales dans le Ranch de Gibier de Nazinga (sud du Burkina Faso). *Pachyderm* **29**, 29-38.

HIEN, B., JENKS, J.A., KLAVER, R. W., WICKS III, Z. W. 2007. Determinants of elephant distribution at Nazinga Game Ranch, Burkina Faso. *Pachyderm* **42**, 70-80.

HEMA, M.E. 2004. *Les effets des activités humaines, de la végétation et de l'eau sur la distribution des éléphants (Loxodonta africana africana B.) et des antilopes chevales (Hippotragus equinus D.) dans le Parc National des Deux Balé (Burkina Faso).* Mémoire DEA Sciences Biologiques Appliquées ; Université de Ouagadougou. 49 p.

IHWAGI, F.W., VOLLRATH, F., CHIRA, R. M., DOUGLAS-HAMILTON, I., KIRONCHI, G. 2010. The impact of elephants, Loxodonta africana, vegetation through selective debarking in Samburu and Buffalo Springs National Reserves, Kenya. *African Journal of Ecology* **48**, 87-95.

Ishida, Y., Oleksyk, T.K., Georgiadis, N.J., David, V.A., Zhao, K., et al. 2011. Reconciling Apparent Conflicts between Mitochondrial and Nuclear Phylogenies in
African Elephants. *PLoS ONE* **6**(6): e20642. doi:10.1371/journal.pone.0020642.

JACHMANN, H. 1988. Numbers, distribution and movements of the Nazinga elephant. *Pachyderm* **10**, 16-21.

JACHMANN, H. 1991. Evaluation of four survey methods for estimating elephants densities. *African Journal of Ecology* **29**, 188-195.

JACHMANN, H. 1992. Movements of elephants in and around the Nazinga Game Ranch, Burkina Faso. *Journal of African Zoology* **106**, 27-37.

JACHMANN, H., BELL, R.H.V. 1979. The assessment of elephant numbers in the Kasungu National Park, Malawi. *African Journal of Ecology* **17**, 231-239.

JACHMANN, H., BELL, R.H.V. 1984. The use of elephant droppings in assessing numbers, occupance and age structure: a refinement of the method. *African Journal of Ecology* **22**, 127-141.

JACHMANN, H., CROES, T. 1991. Effects of browsing by Elephants on the *Combretum/Terminalia* Woodland at the Nazinga Game Ranch, Burkina Faso, West Africa; *Biological Conservation* **57**, 13-24.

KABIGUMILA, J. 1993. Feeding habits of elephants in Ngorongoro Crater, Tanzania. *African Journal of Ecology* **31**, 156-164.

KEITT, T.H., BJORNSTAD, O. N., DIXON, P. M., CITRON-POUSTY, S. 2002. Accounting for spatial pattern when modeling organism-environment interactions. *Ecography* **25**, 616-625.

KIOKO, J., OKELLO, M., MURUTHI, P. 2006. Elephant numbers and distribution in the Tsavo-Amboseli ecosystem, south-western Kenya. *Pachyderm* **40**, 60-67.

KISSLING, W.D., CARL, G. 2008. Spatial autocorrelation and the selection of simultaneous autoregressive models. *Global Ecology and Biogeography* **17**, 59-71.

KOSTER, S.H., HART, J.A. 1988. Methods of estimating ungulate populations in tropical forests. *African Journal of Ecology* **26**, 117-126.

LAURSEN, L., BEKOFF, M. 1978. *Loxodonta africana*. Mammalian Species **92**, 1-8.

LAWS, R.M. 1970. Elephants as agents of habitat and landscape change in East Africa. *Oikos* **21**, 1-15.

LAWS, R.M., PARKER, I.S.C. 1968. Recent studies on elephant populations in East Africa. *Symposia of the Zoological Society of London* **21**, 319-359.

LEGGETT, K. 2009. Diurnal activities of the desert-dwelling elephants in northwestern Namibia. *Pachyderm* **45**, 20-33.

LIBERSKI, D. 1991. *Les Dieux du territoire, unité et morcellement de l'espace en pays kassena.* Thèse de doctorat de l'université de Paris IV. 311 p.

MICHELMORE F., BEARDSLEY K, BARNES R.F.W., DOUGLAS-HAMILTON I., 1994. A model illustrating the changes in forest elephant numbers caused by poaching. *African Journal of Ecology* **32**, 89-99.

MERZ, G. 1986. Movement patterns and group size of the African forest elephant *Loxodonta Africana cyclotis* in Taï National Park, Ivory Coast. *African Journal of Ecolology* **24**, 133-136.

MOSS, C,J. 2001. The demography of an African elephant (Loxodonta Africana) population in Amboseli, Kenya. *Journal of Zoology* **255**, 145-156.

NEFF, D.J. 1968. The pellet-group count Technique for big game Trend, Census, and Distribution: A Review. *Journal of Wildlife Management* **32** (3), 597-614.

OUEDRAOGO, M. 2005. *Régulation de la dynamique des populations de buffles (Syncerus caffer Sparrman) et de waterbucks (Kobus ellipsiprymnus Ogilby) et moyens de gestion à mettre en œuvre pour préserver l'équilibre des communautés végétales dans le ranch de Nazinga (Burkina Faso).* Thèse de Doctorat ; Faculté Universitaire des Sciences Agronomiques de Gembloux ; Belgique. 232 p.

OUEDRAOGO, M., DELVINGT, W., DOUCET, J.-L., VERMEULEN, C., BOUCHE, P. 2009. Estimation des effectifs des populations d'éléphants par la méthode d'inventaire pédestre total au Ranch de Gibier de Nazinga (Burkina Faso). *Pachyderm* **45**, 57-66.

OWEN-SMITH, N. 2006. Elephants, woodlands and ecosystems: some perspectives. *Pachyderm* **41**, 90-94.

OWEN-SMITH, N., KERLEY, G.I.H., PAGE, B., SLOTW, R., van AARDE, R.J.; 2006. A scientific perspective on the management of elephants in the Kruger National Park and elsewhere. *South African Journal of Science* **102**, 389-394.

PARKER, I., GRAHAM, A. 1989. Men, elephants and competition. *Symposia of the Zoological Society of London* **61**, 241-252.

RANGEL, T.F.L.V.B., DINIZ-FILHO, J.A.F., BINI, L.M. 2006. Towards an integrated computational tool for spatial analysis in macroecology and biogeography. *Global Ecology and Biogeography* **15**, 321-327.

REILLY, J. 2002. Growth in the Sumatran elephant (Elephas maximus Sumatrans) and age estimation based on dung diameter. *Journal of Zoology* **258**, 205-213.

Roca, A.L., GEORGIADIS, N., O'Brien, S.J. 2005. Cytonuclear genomic dissociation in African elephant species. *Nature Genetics* **37** (1), 96-100.

ROCA, A.L., GEORGIADIS, N., PECON-SLATTERY, J., O'BRIEN, S.J. 2001. Genetic evidence for two species of Elephant in Africa. *Science* **293**, 1473-1477.

ROCA, A.L., O'BRIEN, S.J. 2005. Genomic inferences from Afrotheria and the evolution of elephants. *Current Opinion in Genetics & Development* **15** (6), 652-658.

ROTH, H.H., DOUGLAS-HAMILTON, I. 1991. Distribution and status of elephants in West Africa. *Mammalia* **55**, 489-527.

SAM, M.K., BARNES, R.F.W., OKOUMASSOU, K. 1998. Elephants, human ecology and environmental degradation in north-eastern Ghana and northern Togo. *Pachyderm* **26**, 61-68.

SAVIDGED, J.M. 1968. Elephants in the Ruaha National Park, Tanzania – management problem. *East African Agricultural and Forestry Journal* **33**, 191-196.

SCHUETTE, J.R., LESLIE, D.M., LOCHMILLER, Jr.R.L., JENKS, J.A. 1998. Diets of hartebeest and roan antelope in Burkina Faso: support of the long-faced hypothesis. *Journal of Mammalogy* **79** (2), 426-436.

SHANNON, G., DRUCE, D.J., PAGE, B.R, ECKHARDT, H.C., GRANT, R., SLOTOW, R. 2008. The utilization of large savana trees by elephant in southern Kruger National Park. *Journal of Tropical Ecology* **24**, 281-289.

SHORT, J.C. 1983. Density and seasonal movements of the forest elephant (Loxodonta africana cyclotis Matschie) in bia National Park, Ghana. *African Journal of Ecology* **21**, 175-184.

SUKUMAR, R. 1989. Ecology of the Asian elephant in southern India. I. Movement and habitat utilization patterns. *Journal of Tropical Ecology* **5**, 1-18.

SUKUMAR, R. 1990. Ecology of the Asian elephant in southern India. II. Feeding habits and crop raiding patterns. *Journal of Tropical Ecology* **6**, 33-53.

TEHOU, A.C., SINSIN, B. 2000. Ecologie de la population d'éléphants (Loxodonta africana) de la zone cynégétique de Djoma (Bénin). *Mammalia* **64** (1), 29-40.

THEUERKAUF, J., ELLENBERG, H., WAITKUWAIT, W.W., MUHLENBERG, M. 2001. Forest elephant distribution and habitat use in the Bossamatié Forest Reserve, Ivory Coast. *Pachyderm* **30**, 37-43.

THOMAS, L., BUCKLAND, S.T., REXSTAD, E.A., LAAKE, J.L., STRINDBERG, S., HEDLEY, S.L., BISHOP, J.R.B., MARQUES, T.A., BURNHAM, K.P. 2010. Distance software: design and analysis of distance sampling surveys for estimating population size. *Journal of Applied Ecology* **47**, 5-14.

van AARDE, R.J., JACKSON, T.P. 2007. Megaparks for metapopulations: Adressing the causes of locally high elephant numbers in southern Africa. *Biological Coservation* **34**, 289-297.

VILJOEN, P.J. 1989. Habitat selection and preferred food plants of a desert-dwelling elephant population in the Namib Desert, south west Africa/Namibia. *African Journal of Ecology* **27**, 227-240.

WALSH, P.D., THIBAULD, M., MIHINDOU, Y., IDIATA, D., MBINA, C., WHITE, I. 2000. A statistical framework for monitoring forest elephants. *Natural Ressource Modeling* **13** (1), 89-134.

WESTERN, D. 1986. The pygmy elephant: a myth and a mystery. *Pachyderm* **7**, 4-5.

WESTERN, D. 1989. The Ecological Role of Elephants in Africa. *Pachyderm* **12**, 42-45.

YAMEOGO, U.G. 1999. *Contribution à l'étude du feu comme outil de gestion des aires protégées. Cas des feux tardifs dans le Ranch de Gibier de Nazinga (Burkina Faso).* Mémoire de DEA de l'Université d'Orléans, France. 118 p.

YAMEOGO, U.G. 2005. *Le feu, un outil d'ingénierie écologique au Ranch de Gibier de Nazinga au Burkina Faso.* Thèse de Doctorat, Université d'Orléans, France. 268 p.

2. LIVRES ET EXTRAITS DE LIVRE CONSULTES

ARBONNIER, M. 2000. *Arbres, arbustes et lianes des zones sèches d'Afrique de l'Ouest.* CIRAD Paris. 541 p.

BARNES, R.F.W. 1996. Estimating forest elephant abundance by dung counts. In: *studying elephants.* Kangwana K. (ed.), African Wildlife Foundation, Nairobi, Kenya, 38-48.

BARNES R.F.W., CRAIG G.C., DUBLIN H.T., OVERTON G., SIMONS W., THOULESS C.R., 1999. *African Elephant database 1998.* IUCN/Species Survival Commission. Gland, Switzerland. 249 p.

BART, J., FLIGNER, M.A., NOTZ, W.I. 1998. *Sampling and Statistical Methods for Behavioural Ecologists.* Cambridge University Press, U.K.. 330 p.

BLANC, J.J, BARNES, R.F.W., CRAIG, G.C., DUBLIN, H.T., THOULESS, C.R., DOUGLAS-HAMILTON, I., HART, J.A. 2007. *African Elephant Status Report 2007: an update from the African Elephant Database.* Occasional Paper Series of the IUCN Species Survival Commission, No. 33. IUCN/SSC African Elephant Specialist Group. IUCN, Gland, Switzerland. 275 p.

BOSCH, C.H., SIEMONSMA, J.S., LEMMENS, R.H.M., OYEN, L.P.A. 2002. *Ressources végétales de l'Afrique Tropicale : listes de base des espèces et de leurs groupes d'usage.* PROTA Programme Wageningen; the Netherlands. 206 p.

BOUCHE, P. 2007. L'éléphant au Ranch de Gibier de Nazinga. In *Nazinga* (ed par W. Delvingt & C. Vermeulen), 259-268.

BUCKLAND, S.T., ANDERSON, D.R., BURNHAM, K.P., LAAKE, J.L. 1993. *Distance sampling: Estimating Abundance of Biological Populations.* Chapman & Hall, London & New York. 446 p.

BUCKLAND, S.T., ANDERSON, D.R., BURNHAM, K.P., LAAKE, J.L., BORCHERS, D.L., THOMAS, L. 2001. *Introduction to distance sampling: Estimating abundance of biological populations*. Oxford University Press, New York. 432 p.

CAMPBELL, K., BORNER, M. 1995. Population trends and distribution of Serengeti herbivores: implications for management. In *Serengeti II: Dynamics, Management, and Conservation of an Ecosystem* (ed by A.R.E. Sinclair & P. Arcese), 117-145.

CAUGHLEY, G.J. 1977. *Analysis of Vertebrate Populations*. John Wiley & Sons, New York. 234 p.

CORNELIS, D. 2007. Le suivi écologique. In *Nazinga* (ed par W. Delvingt & C. Vermeulen), 227-246.

ESTES, R.D. 1991. *The behavior guide to African Mammals Including Hoolfed Mammals, Carnivores, Primates*. University of California Press, Berkeley. 611 p.

FORTIN, M.-J., DALE, M.R.T. 2005. *Spatial analysis: a guide for ecologists*. Cambridge University Press, Cambridge, U.K. 365 p.

HALTENORTH, T., DILLER, H. 1985. *Mammifères d'Afrique et de Madagascar*. Delachaux et Niestlé. 397 p.

JACHMANN, H. 2001. *Estimating abundance of African wildlife: an aid to adaptive management*. Kluwer publishers, London. 285 p.

KINGDON, J. 1997. *The Kingdon field guide to African mammals*. Academic Press, San Diego. 464 p.

KREBS, C.J. 1989. *Ecological methodology*. University of British Columbia. Harper & Row, Publishers, New York. 654 p.

KREBS, C.J. 1999. *Ecological Methodology; Second Edition*. University of British Columbia. Addison Wesley Longman, CA. 620 p.

LAWS, R.M., PARKER, I.S.C., JOHNSTONE, R.C.B. 1975. *Elephants and their Habitats: the ecology of Elephants in North Bunyoro, Uganda*. Clarendon Press, Oxford. 376 p.

NETER, J., WASSERMAN, W., KUTNER, M.H. 1990. *Applied linear statistical models: regression, analysis of variance and experimental designs*. Irwin, Burr Ridge, Illinois. 1181 p.

NORTON-GRIFFITHS, M. 1978. *Counting animals*. 2nd edition. Handbook No. 1. African Wildlife Foundation, Naïrobi. 139 p.

SALL J., LEHMAN A., CREIGHTON L., 2001. *JMP Start Statistics. A guide to statistics and data analysis; Using JMP and JMP IN software; Second edition*. SAS Institute Inc. DUXBURY, USA. 491 p.

SCHERRER, B. 1983. Techniques de Sandage en Ecologie. In : *Théorie de l'Echantillonnage Ecologique*. Frontier, S. (ed.), Ecologie, 17, Masson et Press, Univ. de Laval; 63-162.

SOKAL, R.R., ROHLF, F.J. 1981. *Biometry, 2nd edition*. W.H. Freeman & Company, New York. 219 p.

SPINAGE, C. 1994. *ELEPHANTS*. T & AD Poyser Ltd, London. 319 p.

TASSY, P. 1995. Les proboscidiens (Mammalia) Fossiles du rift occidental, Ouganda. In *Geology and palaeobiology of the Albertine Rift Valley, Uganda-Zaire. II. Palaeobiology* (ed. B. Senut & M. Pickford, Orléans, France : CIFEG.) ; 217-257.

ZAR, J.H. 1999. *Biostastical Analysis, fourth edition*. Prentice- Hall Inc., & Schuster, New Jersey. 663 p.

189

3. RAPPORTS DE STAGES ET AUTRES DOCUMENTS
TECHNIQUES CONSULTES

ADJEWODAH, P., BARNES, R.F.W., BOGRE, R., OUEDRAOGO,
L., POREKU, G., SEYNOU, O., TIENDREBEOGO, C., ZIDA, P.C.
2006. *Une feuille de route pour l'élaboration des plans
d'aménagement pour les écosystèmes transfrontaliers entre le mali,
le Burkina Faso et le Ghana.* UICN Ouagadougou, Burkina Faso.
50 p.

AFRICAN ELEPHANTS SPECIALIST GROUP 1999. *Strategy for
the conservation of West African Elephants.* IUCN/SSC African
Elephant Specialist Group, Ouagadougou, Burkina Faso. 31 p.

AFRICAN ELEPHANTS SPECIALIST GROUP 2003. *Statement on
the taxonomy of extant Loxodonta.* UICN.
http://iucn.org/themes/ssc/sgs/afesg/tools/pdfs/pos_genet_en.pdf.
Accédé le 28 Mars 2010.

BARNES, R.F.W., ADJEWODAH, P. OUEDRAOGO, L., HEMA,
M.E., OUIMINGA, H., ZIDA, P.C. 2006b. *Transfrontier corridors for
West African elephants: the PONASI-Red Volta and Sahelian
corridors.* IUCN Ouagadougou, Burkina Faso. 78 p.

BELEMSOBGO, U., COULIBALY, S., PODA, W.C., BASSARGRETTE, D. 2003. *Stratégie et programme de gestion durable des éléphants au Burkina Faso.* Ouagadougou : Direction Générale des Eaux et Forêts/Ministère de l'Environnement et du Cadre de Vie, Burkina Faso. 62 p.

BETTS, K., BROWN, L. 1987. *Soil survey in the western half of the Nazinga Game ranch, Burkina Faso.* Nazinga Project, ADEFA; Nazinga special report, series C, n° 24. 97 p.

BOUCHE, P., LUNGREN, G.C., HIEN, B. 2004. *Recensement aérien total de la faune dans l'écosystème naturel Po-Nazinga-Sissili (PONASI).* CITES MIKE, Ouagadougou, Burkina Faso. 96 p.

CANNEY, S., LINDSAY, K., HEMA, M.E., DOUGLAS-HAMILTON, I., MARTIN, V. 2007. *The Mali elephant initiative: Synthesis of knowledge, research and recommendations about the population, its range and the threats to the elephants of the Gourma.* The WILD Foundation, USA, Save The Elephants, Kenya and The Environment and Development Group, UK. 67 p.

DEKKER, A.J.F.M. 1985. *Carte des unités de végétation de la région de Nazinga, Burkina Faso.* FAO, BKF/82/008, Ouagadougou.

191

FONTES, J. ET GUINKO, S. 1995. *Carte de la végétation et de l'occupation du sol du Burkina Faso. Note explicative.* Ministère de la coopération française, projet Campus, Toulouse. 68p.

FOURNIER, A. 1991. *Phénologie, croissance et production végétales dans quelques savanes d'Afrique de l'Ouest. Variation selon un gradient climatique.* ORSTOM. 312 p.

HAMERLYNCK, O., BORRINI-FEYERABEND, G. 2004. *Mission d'appui à la Gestion des Ecosystèmes Transfrontaliers Burkina Faso, Cote d'Ivoire, Ghana et Mali.* IUCN Ouagadougou, Burkina Faso. 76 p.

HEMA, M.E., OUATTARA, Y., KARAMA, M. 2010. *Recensements pédestres des grands mammifères diurnes de la Forêt Classée et Réserve Partielle de Faune Comoé-Léraba.* Rapport spécial AGEREF-CL Banfora, Burkina Faso. 35 p.

HEMA, M.E., OUEDRAOGO, A., BELEMSOBGO, U., GUENDA W. 2007. *Recensements pédestres des grands mammifères diurnes au Ranch de Gibier de Nazinga; 2004-2006.* Rapport technique Ranch de Gibier de Nazinga, Burkina Faso. 24 p.

HEMA, M.E., NIAGABARE, B., OUEDRAOGO, A., BELEMSOBGO, U., GUENDA, W. 2008a. *Recensements pédestres des grands mammifères diurnes aux Ranch de Gibier de Nazinga; 2007.* Rapport technique Ranch de Gibier de Nazinga, Burkina Faso. 18 p.

HEMA, M.E., NIAGABARE, B., SAMA, I., OUEDRAOGO, A., BELEMSOBGO, U., GUENDA, W. 2008b. *Recensements pédestres des grands mammifères diurnes aux Ranch de Gibier de Nazinga; 2008.* Rapport technique Ranch de Gibier de Nazinga, Burkina Faso. 18 p.

HEMA, M.E., NIAGABARE, B., ZONGO, J.P., HEBIE, L. 2009. *Recensements pédestres des grands mammifères diurnes aux Ranch de Gibier de Nazinga.* Rapport technique Ranch de Gibier de Nazinga, Burkina Faso. 21 p.

HIEN, B., DOAMBA, B., OUEDRAOGO, A. 2003. *Rapport du recensement pédestre des mammifères diurnes au Ranch de Gibier de Nazinga.* Ministère de l'environnement et du cadre de vie Burkina Faso/Ranch de Gibier de Nazinga. 39 p.

INSTITUT NATIONAL DE LA STATISTIQUE ET DE LA DEMOGRAPHIE 2009. *Annuaire statistique Edition 2008.* Burkina Faso. 453 p.

193

KESSLER, J.J., GEERLING, C. 1994. *Profil environnemental du Burkina Faso*. Université Agronomique de Wageningen, Département de l'Aménagement de la Nature, Les Pays-Bas. 63 p.

LAMPREY, H.F., 1963. *Ecological separation of the large mammal species in the Tarangire game reserve, Tanganyika*. Game Division, Tanganyika. 92 p.

LAMPREY, H.F., 1964. *Estimation of the large mammal densities, biomass and*
energy exchange in the Tarangire game reserve and the masai steppe in Tanganyika. Game Division, Tanganyika. 46 p.

OUBDA, J.A.S., OUADBA, J.-M., ZAMPALIGRE, I. 2008. *Avant Projet de Plan d'Aménagement et de Gestion de la Forêt Classée et Ranch de Gibier de Nazinga*. Rapport Final. MECV/DFC/Ranch de Gibier de Nazinga, Burkina Faso. 126 p.

O'DONOGHUE, M. 1985. *Ground census of large mammals at the Nazinga game ranch Project*. Nazinga special reports, Séries C (9). Nazinga project, ADEFA, Ouagadougou. 45 p.

OUEDRAOGO, J. de M. 1987. *Inventaire des poissons et contribution à l'étude des crocodiles dans le Ranch de Gibier de Nazinga*. Mémoire de fin d'étude IDR, Université de Ouagadougou. 81 p.

SEBOGO, L. 1986. *Structure d'âge des éléphants au ranch de Gibier de Nazinga. Université de Ouagadougou.* Mémoire d'Ingénieur des Techniques du Développement Rural, Université de Ouagadougou. 46 p.

SEBOGO, L., BARNES, R.F.W. 2003. *Action Plan for the Management of Transfrontier Elephant Conservation Corridors in West Africa.* IUCN Ouagadougou, Burkina Faso. 52 p.

SPINAGE, C. 1984. *Analyse des données de climat de Pô et de Léo en référence à Nazinga*. FAO/FODP/UPV/82/008 document de travail n°4, Ouagadougou, Burkina Faso. 36 p.

THOMAS L., LAAKE, J.L., STRNDBERG, S., MARQUES, F.F.C., BUCKLAND, S.T., BORCHERS, D.L., ANDERSON, D.R., BURNHAM, K.P., HEDLEY, S.L., POLLARD, J.H., BISHOP, J.R.B. 2003. *DISTANCE 4.1 Release 2*. Research Unit for Wildlife Population Assessment, University of St Andrews, UK. *Http//w.w.w.ruwpa.st-and.ac.uk/distance/*

UCLA-ATS 2010. *Introduction to SAS. Academic Technology Services*, Statistical Consulting Group, University of California at Los Angeles. http://www.ats.ucla.edu/stat/sas/notes2/. Accédé le 26 Janvier 2010.

UNITED NATIONS 2007. *World population prospects: the 2007 revision.* United Nations, New York. http://esa.un.org/unup/p2k0data.asp. Accédé le 26 Janvier 2010.

VERMEULEN, C., MOREAU C. 2001. *Démographie, immigration et employé dans le village gourounsi de Sia, périphérie ouest du Ranch de Gibier de Nazinga.* Ranch de Gibier de Nazinga, Burkina Faso. 14 p.

ANNEXES

ANNEXE 1 : LISTE DES PUBLICATIONS

BARNES, R.F.W., DUBIURE, U.F., DANQUAH, E., BOAFO, Y., NANDJUI, A, **HEMA, M.E.**, MANFORD, M. **2006**. Crop-raiding elephants and the moon. *African Journal of Ecology*. 45: 112-115.

BARNES, R.F.W., **HEMA, M. E.**, DOUMBIA, E. **2006**. Distribution des éléphants autour d'une mare sahélienne en relation avec le cheptel domestique et la végétation ligneuse ; *Pachyderm* 40: 35-41.

BARNES, R.F.W., **HEMA, M.E.**, NANDJUI, A., MANFORD, M., DUBIURE, U.F., DANQUAH, E., BOAFO, Y. **2005.** Risk of crop raiding by elephants around the Kakum Conservation Area, Ghana. *Pachyderm* 39: 19-25.

BOAFO, Y., DUBIURE, U.F., DANQUAH, E.K.A., MANFORD, M., NANDJUI, A., **HEMA, M.E.**, BARNES, R.F.W. & BAILEY, B. 2004. Long-term management of crop raiding by elephants around Kakum Conservation Area in southern Ghana. *Pachyderm 37*: 68-72.

BOAFO, Y., MANFORD, M., BARNES, R. F. W., **HEMA, M.E.**, DANQUAH, E., NANDJUI, A., DUBIURE, U.F. **2009**. Comparison of two dung count methods for estimating elephant numbers at Kakum Conservation Area in Southern Ghana; *Pachyderm* 45: 34-40.

HEMA, M.E., BARNES, R.F.W. and GUENDA, W. **2010**. Distribution of savannah elephants (*Loxodonta africana africana* Blumenbach 1797) within Nazinga game ranch, southern Burkina Faso. *African Journal of Ecology*, 49: 141-149.

HEMA, M.E., BARNES, R.F.W. and GUENDA, W. **2010**. The seasonal distribution of savana elephants (*Loxodonta africana africana* Blumenbach 1797) in Nazinga Game Ranch, southern Burkina Faso. *Pachyderm* 48: 33-40.

ANNEXE 2 : FICHE DE COLLECTE DE DONNEES D'INVENTAIRE DIRECT

RANCH DE GIBIER DE NAZINGA
Section Suivi Ecologique et Recherche Appliquée

RECENSEMENT PEDESTRE 2007
Fiche de relevés fauniques et de braconnage

Année	2007
Zone	
N° de transect	
Lg. de transect	
Long. pt. d'entrée	
Lat. pt. d'entrée	

Date	
Heure début	
Heure fin	
Temps parcouru	
Long. pt. sortie	
Lat. pt. sortie	

Equipe N°	
Chef d'équipe	
Obs. 1	
Obs. 2	

Zones non brûlées: Début | Fin

Espèces / Observations (braconnage)	Nbr.	Sexe			Age				Localisation			Coordonnées			Activité
		M	F	Ind.	Ad.	Sad.	jeun	Ind.	Heure	Dist. (m)	Angle(°)	N° WPT	long. X	lat. Y	

INDICES DE BRACONNAGE :

Coup de feu	Piste de braconnage	Pile	Présence de moutons
Affut/ mirador	Présence de boeufs	Champ	
Douille	Traces de boeufs	Brulis d'arbres	
Camp/ foyer	Présence de chèvres	Coupe d'arbres	
Carcasse	Traces de vélo	Hutte	
Extraction de miel	Piège	Présence humaine	

200

ANNEXE 3 : FICHE DE COLLECTE DE DONNEES D'INVENTAIRE DES DEJECTIONS

Date : ....   Page ....
Transect n° ... Longueur : ...   Position géographique début,   N ...   W ......
Membre de l'équipe : ....   Position géographique fin, N ...   W ......
.... Heure début : .....   Heure fin : ....

Distance de marche	Distance Perpendiculaire	Classe déjection	Espèce animale	Type de Végétation	Activités illégales	Notes

ANNEXE 4 : FICHE DE COLLECTE DE DONNEES DE VEGETATION

Date : ....   Page ....

Transect n° ...   Numéro de la Placette ......

Espèce végétale	Nombre de pieds endommagés	Nombre de pieds non endommagés	Notes

ANNEXE 5. ILLUSTRATIONS PHOTOS

Photo 6 : Eléphants en pâture dans le campement touristique (Photo, HEMA M.E., 29 Mars 2008)

Photo 7 : Construction d'une digue de collecte d'eau à Nazinga (Photo, HEMA M.E., Avril 2007)

Photo 8 : Eléphants émergeant de la forêt vers l'eau du barrage de Kosougou (Photo, HEMA M.E., 27 Janvier 2007)

Photo 9 : Un Baobab sévèrement écorché par les éléphants (Photo, HEMA M.E., Février 2007)

Photo 10 : Un feu d'aménagement à Nazinga (Photo, HEMA M.E., 14 Novembre 2006)

Photo 11 : Couloir de migration des éléphants entre Nazinga et le PNKT (Photo, HEMA M.E., 06 Octobre 2006)

Photo 12 : Un grenier pillé par les éléphants dans le village de Sia
(Photo, HEMA M.E., Février 2007)

Photo 13 : Magasin à céréale de la cantine scolaire de Sia pillé par
les éléphants (Photo, HEMA M.E., 28-03-2007)

Photo 14 : Evidence de céréale (sorgho) dans une déjection d'éléphants (Photo, HEMA M.E., Avril 2007)

Photo 15 : Crotte d'un jeune éléphant à Nazinga (Photo, HEMA M.E., 27 Janvier 2007)

Photo 16 : Crotte d'hyène à Nazinga (Photo, HEMA M.E., Avril 2007)

Photo 17 : Un Céphalophe de Grimm observé sur transect (Photo, HEMA M.E., Février 2007)

www.ingramcontent.com/pod-product-compliance
Lightning Source LLC
Chambersburg PA
CBHW021931220326
41598CB00061BA/1045